周期表

族\周期	1	2	3	4	5	6	7	8	9	10	11	12	13	14	15	16	17	18
1	1 H 1.008																	2 He 4.003
2	3 Li 6.941	4 Be 9.012											5 B 10.81	6 C 12.01	7 N 14.01	8 O 16.00	9 F 19.00	10 Ne 20.18
3	11 Na 22.99	12 Mg 24.31											13 Al 26.98	14 Si 28.09	15 P 30.97	16 S 32.07	17 Cl 35.45	18 Ar 39.95
4	19 K 39.10	20 Ca 40.08	21 Sc 44.96	22 Ti 47.87	23 V 50.94	24 Cr 52.00	25 Mn 54.94	26 Fe 55.85	27 Co 58.93	28 Ni 58.69	29 Cu 63.55	30 Zn 65.38	31 Ga 69.72	32 Ge 72.64	33 As 74.92	34 Se 78.96	35 Br 79.90	36 Kr 83.80
5	37 Rb 85.47	38 Sr 87.62	39 Y 88.91	40 Zr 91.22	41 Nb 92.91	42 Mo 95.96	43 Tc (99)	44 Ru 101.1	45 Rh 102.9	46 Pd 106.4	47 Ag 107.9	48 Cd 112.4	49 In 114.8	50 Sn 118.7	51 Sb 121.8	52 Te 127.6	53 I 126.9	54 Xe 131.3
6	55 Cs 132.9	56 Ba 137.3	57-71 *	72 Hf 178.5	73 Ta 180.9	74 W 183.8	75 Re 186.2	76 Os 190.2	77 Ir 192.2	78 Pt 195.1	79 Au 197.0	80 Hg 200.6	81 Tl 204.4	82 Pb 207.2	83 Bi 209.0	84 Po (210)	85 At (210)	86 Rn (222)
7	87 Fr (223)	88 Ra (226)	89-103 **	104 Rf (267)	105 Db (268)	106 Sg (271)	107 Bh (272)	108 Hs (277)	109 Mt (276)	110 Ds (281)	111 Rg (280)	112 Cn (285)	113 Nh (286)	114 Fl (289)	115 Mc (289)	116 Lv (293)	117 Ts (293)	118 Og (294)

*ランタノイド	57 La 138.9	58 Ce 140.1	59 Pr 140.9	60 Nd 144.2	61 Pm (145)	62 Sm 150.4	63 Eu 152.0	64 Gd 157.3	65 Tb 158.9	66 Dy 162.5	67 Ho 164.9	68 Er 167.3	69 Tm 168.9	70 Yb 173.0	71 Lu 175.0
**アクチノイド	89 Ac (227)	90 Th 232.0	91 Pa 231.0	92 U 238.0	93 Np (237)	94 Pu (239)	95 Am (243)	96 Cm (247)	97 Bk (247)	98 Cf (252)	99 Es (252)	100 Fm (257)	101 Md (258)	102 No (259)	103 Lr (262)

(注) ここに与えた原子量は概略値である。
( )内の値はその元素の既知の最長半減期をもつ同位体の質量数である。

ライブラリ 大学基礎化学＝C3

溶液における
分子認識と
自己集合の原理
―分子間相互作用―

平岡　秀一 著

サイエンス社

「ライブラリ 大学基礎化学」によせて

　我が国においては，過去20数年にわたって，高校までの教育体系が簡略化され，大学学部の卒業要件も緩和される方向で推移した．しかし，世界の科学・技術の進展は目覚ましく，化学においても，エネルギー・環境問題，新物質や医薬品の開発，生命科学などの基礎としての社会的要請は大きくなる一方であり，大学院における教育は益々専門化・細分化されている．このような状況にあって，大学学部における化学系教育は，新たな教育的戦略が必要となっている．

　大学における初年次教育（1年次，2年次）には，さらに特別な教育的配慮と工夫が必要であり，将来への様々な希望を持つ多様な学生に対して，柔軟な対応が求められる．例えば，「化学関連学科」に籍を置かない理系諸学科の学生に対しても，物質科学の基礎としての化学的知見は若い時に身につけてもらう必要がある．さらに言えば，広く深い物質観に基づく学術的教養とでもいうべきものは，科学者や技術者にはもちろん，政策決定に関わる人々やジャーナリストなどにも不可欠の要素であろう．もちろん，化学を記憶する学問として捉えていた学生に対して，

　　　　　　　　　「化学はこんなに面白かったのか！」

という気づきを与え導くことができるのは，化学者にとっては喜びに満ちた本来の課題である．

　このような背景のもと，最先端の研究を行いながら大学初年次教育にも深い経験を持つ著者陣によって，本ライブラリが刊行されることになった．本ライブラリは，

　　　「基礎領域」「物理化学領域」「有機化学領域」「無機分析化学領域」

という分類のもと，比較的伝統的な化学教育とも整合させることを意図しつつ，全体では16冊程度から構成され，学習者が従来の枠組を越境していくための後

押しになることを強く意識している．そのために，各著者には，現代学術の最先端にいる専門家として，そこに至るための学術的基礎を吟味しつつ執筆することをお願いした．このようにして，私たちは，化学が豊かに継続的に土台から発展すると信じている．

　本ライブラリは，大学初年次から始まる化学の基礎の教科書・参考書として，それぞれの領域で，教員の得意分野に応じた選択をしていただけるラインナップになっている．学年が進んだ後も，化学的基礎を再点検することができる場として戻ってこられるような，まさに「ライブラリ」として機能することを願っている．また，専門的な化学への道標として，古典的な枠組みの基礎勉強をきちんとしつつ，物質科学の枠組みと将来的なスコープをしっかり伝えることを念頭に置いた．基礎レベルではあっても時代が求めている課題を積極的に盛り込むことによって，具体的な問題意識が読者の心の中に芽生えていくことも目指している．

　化学とは，分子・物質の変換を対象とする奥の深いスリルに富んだ学問である．その背景には，化学特有の美しい「論理」が広がっている．読者には，本ライブラリを足掛かりとして，物質科学への大きな一歩を進めてくださることを期待する．

　　　2016 年 9 月

　　　　　　　　　　　　　　　　編者　東京大学名誉教授　高塚和夫

はじめに

　本書は，溶液中における分子間相互作用と自己集合を扱う際に必要となる基礎理論をまとめた入門書である．主に，超分子化学に興味のある読者やこれから超分子化学の分野で研究を行おうとしている読者を念頭に，超分子化学の基礎事項にこだわらず，必要となる周辺分野についても執筆した．本質的には自習書として，はじめから順に読み進めれば無理なく理解が深まるように，できる限り平易に説明を試みたが，もちろん大学での講義の教科書としても活用できる．本ライブラリは大学の初等教育向けに編纂されたものだが，本書の内容の性格上，大学初等クラスの読者のみならず，大学の専門課程やはじめて超分子分野で研究を始める読者にとってもこれまで学んだ化学の学問と超分子化学との関わりを捉えることができる．初等教育向けのため，予備知識なしに読むことができるように書かれているが，熱力学や分子軌道論の基礎概念を学んでおくと，さらに読みやすいと思う．本書の中心は分子間にはたらく弱い相互作用の理解とそれに基づく分子科学である．しかしながら本書では，定性的な分子軌道についてもできる限り詳しく説明を行った．分子間相互作用を分子軌道に基づく化学結合と比較することで，それぞれの理解が深まるだろう．中には学部の専門課程以降で扱う内容も含まれるが，順を追って時には紙と鉛筆を使い考えると，理解が深まるはずである．

　本書の内容は，これまでに確立されてきたある一つの学問分野の解説というより，化学結合を軸にさまざまな分野をつなぐ基礎概念をまとめたものである．中でも溶液中（特に水中）における分子間相互作用と自己集合に焦点を絞った．これは水という最も一般的な溶媒が生命科学と深い関わりがあるためである．水は最も身近な分子であるにも関わらず，様々な特異な性質の多くが，未だに完全に理解されていない．また溶媒としての水の特性を考えることで溶液の化学に対する理解を深めることができる．

　第1章では分子認識や自己集合に用いられる分子間相互作用と共有結合を比較し，さらに以降の章でたびたび取り扱う定性的な分子軌道の扱いについて基礎事項をまとめた．第2章では溶媒の特性を扱い，第3章では分子間相互作用についてそれぞれ解説した．第4, 5章は第3章で取り扱った分子間相互作用に

はじめに

ついて，実例をもとに解説を加え，第4章では分子認識について，第5章では自己集合について説明した．

　本書を発刊するにあたり期待と不安がある．期待は本書で学んで将来世界で活躍する超分子化学者が日本から沢山現れて欲しいことである．不安は本書の中で読者を迷わせてしまったり，誤った記述をしていないかということである．本書に関するご意見やコメントなどは，筆者にお伝えいただければ幸いです．また，本書についての追加情報等は今後本書サポートページに公開するつもりです．

　本書の構想をまとめるにあたり，試行錯誤した結果，定性的な分子軌道論を織り交ぜながら，溶液中における分子間相互作用を扱うことにした．これまでに行った講義ノートの中から時が経ても変わらないと思われる重要事項を抜き出し，不用意に具体例を出さないように心がけた．実際に，執筆をはじめると理解が不十分だったり，疑問を抱くこともあった．このようなとき，友人との貴重な意見交換を通してなんとか本書を完成させることができた．中でも本原稿の細部にまで目を通していただき，多くの貴重なご意見をいただいた佐藤啓文氏（京都大学教授），小島達央氏（東京大学助教）に心より感謝申し上げる．また，本書が入門者向けに執筆したものであることから，初学者にとって不親切な記載がないか，立石友紀君（東京大学修士課程1年生），佐々木悠矢君（東京大学1年生），今野直輝君（東京大学1年生）に原稿を読んでいただき，学生の立場としてのご意見をいただいた．改めて感謝いたします．

　筆者の筆が遅いことでサイエンス社　編集部長の田島伸彦氏，編集部の鈴木綾子氏，一ノ瀬知子氏には大変ご迷惑をおかけしました．根気強く筆者を励まし，見守ってくださったことに感謝いたします．また，本書を執筆するにあたり，自分自身の力不足故に妻や息子と過ごすべき多くの時間を執筆に割くことになったが，一言も不平不満を漏らさず，執筆に専念させてくれた家族に心より感謝し，本書を捧げる．

2017年3月 　　　　　　　　　　　　　　　　　　　　　　　平岡　秀一

　本書のサポートページは
　　　　　　　http://www.saiensu.co.jp
にあります．

目　　次

第 1 章　分子認識や自己集合における化学結合　——— 1
- 1.1　可逆な化学結合の重要性 2
- 1.2　定性的な分子軌道の解析 5
  - 1.2.1　定性的な分子軌道に関する基本事項 5
  - 1.2.2　定性的な分子軌道の作成の具体例 10
- 演習問題 12

第 2 章　分子認識，自己集合における溶媒の役割と性質　——— 13
- 2.1　分子認識，自己集合における溶媒の重要性 14
- 2.2　溶液における溶媒分子の配置 16
- 2.3　動径分布関数 17
- 2.4　溶媒の分類と性質を示す尺度 18
  - 2.4.1　極性とプロトン性 18
  - 2.4.2　誘電率 18
  - 2.4.3　Z スケール 20
  - 2.4.4　$E_T(30)$ スケール 20
  - 2.4.5　Π^* スケール 21
- 2.5　溶解性 21
- 2.6　溶液の熱力学 24
  - 2.6.1　化学ポテンシャル 24
  - 2.6.2　化学反応における熱力学 25
- 演習問題 28

第3章　分子間相互作用　　29

3.1　イオンが関わる相互作用 30
　3.1.1　イオン–イオン間の相互作用（静電相互作用）......... 30
　3.1.2　イオン–永久双極子相互作用 30
　3.1.3　イオン–誘起双極子相互作用 32

3.2　ファン・デル・ワールス力 34
　3.2.1　双極子–双極子相互作用（配向力）................. 34
　3.2.2　双極子–誘起双極子相互作用（誘起力）............. 36
　3.2.3　誘起双極子–誘起双極子相互作用（分散力）......... 37
　3.2.4　斥　力 40

3.3　芳香環が関わる相互作用 41
　3.3.1　slip stack と edge-to-face 相互作用 41
　3.3.2　弱い分子間相互作用のエネルギーを
　　　　　実験的に見積もる方法 44
　3.3.3　芳香環–ペルフルオロ芳香環の相互作用 49
　3.3.4　ドナー・アクセプター相互作用 50
　3.3.5　カチオン–π相互作用 52
　3.3.6　アニオン–π相互作用 59

3.4　水　素　結　合 62
　3.4.1　水素結合の角度 62
　3.4.2　水素結合の強さと酸性度，電気陰性度の関係 64
　3.4.3　水素結合における共鳴効果 68
　3.4.4　水素結合の強さに及ぼす分極の効果 70
　3.4.5　水素結合における二次的相互作用 72
　3.4.6　水素結合の協同効果 74
　3.4.7　水素結合の振動特性 76
　3.4.8　生命科学における低障壁水素結合の重要性 79
　3.4.9　水素結合のエネルギーの定式化 80

3.5　疎　水　効　果 85
　3.5.1　水　の　構　造 85

	3.5.2 水中における水素結合 95
	3.5.3 水の異常性 100
	3.5.4 疎 水 効 果 102
3.6	ハロゲン結合 120
演習問題 124

第4章 分子認識 — 125

- 4.1 結合定数と自由エネルギー 126
- 4.2 定圧熱容量変化 129
- 4.3 協 同 性 131
  - 4.3.1 キレート協同性 132
  - 4.3.2 アロステリック協同性 135
- 4.4 分子認識に関するパラメーターの決定 151
  - 4.4.1 結合比の決定 151
  - 4.4.2 結合等温線 152
  - 4.4.3 熱力学パラメーターの決定 154
  - 4.4.4 測定の時間スケール 154
  - 4.4.5 紫外可視吸収スペクトル 156
  - 4.4.6 蛍光スペクトル 158
  - 4.4.7 ベネシ–ヒルデブランドプロット 158
  - 4.4.8 核磁気共鳴分光法 159
  - 4.4.9 等温滴定カロリメトリー法 161
- 4.5 ホスト・ゲスト複合体の形成例 163
  - 4.5.1 水中における静電相互作用に基づく分子認識 163
  - 4.5.2 水中における水素結合に基づく分子認識 168
  - 4.5.3 疎水効果に基づく分子認識 170
- 演習問題 174

第 5 章　自己集合　175

- 5.1 自己集合の分類 176
- 5.2 生命系に見られる自己集合 181
- 5.3 人工系における自己集合 182
  - 5.3.1 水素結合を利用した自己集合 182
  - 5.3.2 イオン相互作用を利用した自己集合 183
  - 5.3.3 配位結合を利用した自己集合 186
  - 5.3.4 ロタキサン・カテナン 194
  - 5.3.5 複雑な幾何構造をもつ分子と自己集合 198
- 5.4 自己集合体の形成機構 202
  - 5.4.1 タンパク質の折りたたみ 202
  - 5.4.2 ウイルスの自己集合 204
  - 5.4.3 線維状の自己集合性ポリマー 206
  - 5.4.4 自己集合性錯体の形成機構 208
- 演習問題 211

演習問題の略解　212

参考書・参考文献　216

索　引　217

- 本書に掲載されている会社名，製品名は一般にメーカーの登録商標または商標です．
- なお，本書では ™, ® は明記しておりません．

サイエンス社のホームページのご案内
http://www.saiensu.co.jp
ご意見・ご要望は　rikei@saiensu.co.jp　まで．

第1章

分子認識や自己集合における化学結合

　化学結合とは，原子間もしくは分子間を結びつけている力でさまざまな種類がある．中でも，本書では，溶液中における分子認識や自己集合に関わる化学結合を取り扱う．(このように絞り込んでも，実際にはほとんどの化学結合に触れることになる．とはいえ，) 通常，化学結合というと，共有結合に見られる，原子軌道間や分子軌道間の相互作用に基づく理解が中心となるが，分子認識や自己集合では，これ以外の化学結合の果たす役割の方が大きい．

1.1 可逆な化学結合の重要性

　生命現象はさまざまな分子が複雑に関わり合い，高度な機能と秩序を維持している．これらの分子間の関わり合いの基本は，分子が接触し，互いを認識すること（**分子認識**（molecular recognition））から始まる．酵素がある特定の基質のみと結合し化学変換を促進したり，薬剤がある特定のレセプターと結合し薬効を発現したり，標的となる分子を高度に識別できなければ，生命システムを維持することはできない．

　自己集合（self-assembly）とは構成要素が自発的に集まり，ある秩序だった構造を形成する現象である．構成要素は水分子のような小さな分子からタンパク質などの大きな分子，さらには目に見えるくらい大きな物質もある．Self-Assembly Lab という web サイト（http://www.selfassemblylab.net）に，目に見えるような大きな物質が自己集合する様子が紹介されている．

　自己集合と似た言葉として**自己組織化**（self-organization）という言葉が用いられることがある．自己組織化も構成要素が自発的に集まることで秩序だった組織体をつくるという意味で自己集合と変わらない．ただし自己組織化は物理，化学，生物学，コンピューター科学，経済学とさまざまな学問分野で用いられており，より広い概念で使用されている．また，本書で扱う分子を対象とした自己集合（分子自己集合）と関連付けると，自己組織化は構成要素間の個々の相互作用に加え，これらが統合し集団で機能を発現したり，また自己集合体同士が相互作用することで，創発といった性質が引き出される場合に用いられることが多い．本書では分子が自発的に集合化する現象として「自己集合」という表現を使っている．自己集合においても，各構成要素が互いを認識することで，それぞれをどのように空間的に配置し，どのような集合体を形成するかを決めており，ここでも分子認識が鍵となる．

　本書では，分子認識については第4章で，自己集合については第5章で，生命系や人工系に見られる例をもとに概観する．

　分子認識と自己集合は，共に可逆な化学結合を主に利用しているという点で共通している．最も単純な分子認識は，**ホスト分子**（H）と呼ばれる分子に**ゲスト分子**（G）と呼ばれるホスト分子より小さな分子が取り込まれ，

ホスト・ゲスト複合体（H·G）を形成する現象である（図 1.1(a)）．H·G 複合体の中で，H と G の間には何かしらの化学結合が形成されている．一方，自己集合の一例として一種類の構成要素（A）が六つ集まり構造体（A_6）を形成する場合，この構造体の中で近接する構成要素 A は化学結合で繋がっている（図 1.1(b)）．このような意味では，ある二種類の分子 X と Y の間で共有結合を形成し Z を与える化学反応は H·G 複合体の形成と近いし，ある単量体 B が重合し高分子化合物を生成する反応は自己集合と近い．これらの化学反応と分子認識や自己集合に関わる化学結合を比べると，共有結合は分子間相互作用に比べて強いため，多くの場合，化学結合の強さで区別できる．また，両者は化学結合の可逆性という点でも異なる．すなわち H·G 複合体の形成では，H と G の間の化学結合が可逆で，比較的容易に開裂できる．このため，H·G の形成は平衡状態にあり（式 (1.1)），H·G 複合体が生成するかどうかは，H·G の**熱力学的安定性**（thermodynamic stability）により支配される（**熱力学支配**

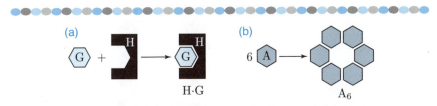

図 1.1 **(a)** ホスト・ゲスト複合体（**H·G**）と，**(b)** 六つの構成要素（**A**）からなる自己集合体（A_6）の形成．

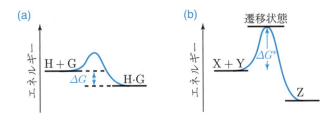

図 1.2 **(a)** 平衡にある **H·G** 複合体の形成では，**H**, **G** と **H·G** との熱力学的安定性（ΔG）が重要である．**(b)** 非可逆な化学反応では，活性化エネルギー（$\Delta G^{\ddagger}$）が重要である．

(thermodynamic control)).すなわちHとGが相互作用していない状態とH·G複合体の間のエネルギー差(ΔG)が大きいほど,H·Gの生成が優先する(図 **1.2**(a)).

$$H + G \rightleftarrows H \cdot G \tag{1.1}$$

一方,XとYの間で非可逆な共有結合を形成しZを与える化学反応では,反応の進みやすさは,反応の**遷移状態**(transition state)で決まり,**活性化エネルギー**(activation energy: $\Delta G^{\ddagger}$)が低いほど容易に進行する(図 **1.2**(b)).すなわち,これは**速度論支配**(kinetic control)にある反応で,Zの熱力学安定性に関係しない.このような化学反応では,XとYの分子軌道がいかに相互作用し,どのような遷移状態を経て生成物へ至るかを考える必要がある.場合によっては,中間体が生成し,複数の遷移状態の山を越えて生成物へ至る反応もあるが,本質的には変わらない.

同様に,A_6の自己集合でもAの間には可逆な化学結合が形成される.一方,高分子化合物(B_n)では非可逆な共有結合がはたらいており,前者は化学平衡で熱力学支配下にあるが,後者は非可逆で速度論支配下にある.可逆性の違いが及ぼす大きな効果は構造体の形成過程におけるエラーの修復である.非可逆に化学結合が形成される場合,一度その結合が形成されると,たとえその構造が熱力学的に不安定であったとしても,元に戻すことができない.一方,分子認識や自己集合は熱力学支配であり,仮に結合の仕方を誤って熱力学的に不安定な集合体を生成しても,化学結合を開裂し,元に戻すことが可能で,最終的に最も安定な集合体へ収束する.したがって,ある一種類の構造がとても安定であれば,途中で他の構造が生成するかもしれないが,これらは(全てとは限らないが)熱力学的に最も安定な集合体へ変化する.このため,自己集合で使われる化学結合は可逆である必要がある.共有結合の中にも可逆な結合があるが,非共有結合性の化学結合(分子間相互作用)は可逆で,これらが分子認識や自己集合において重要なため,第3章でそれぞれ詳しく見ていく.

このような分子間相互作用の多くは,主に静電相互作用やそれに近い考え方で解釈され,共有結合の形成のように分子軌道に基づくものではない.しかし,分子認識や自己集合の中には遷移金属に対する配位結合を使っているものがあり,分子軌道に基づく理解が必要である.また,本書ではこれ以外にも時折,定性的な分子軌道を使って考察を進めるため,分子軌道を使った定性的な化学結合の理解に必要な事柄に絞り,基本事項を次節で解説する.

1.2 定性的な分子軌道の解析

軌道とは電子を収納する入れ物のようなものである．一つの軌道には二つの電子まで充填でき，二つの電子を充填する場合，電子スピンは逆でなければならない．原子中の電子はその原子の周りにしか存在できない（局在化している）が，原子が結合し分子になると，電子はそれぞれある特定の原子に束縛されることなく，分子全体に広がることができる（中には束縛されている電子もあるが，なぜそうなるかは後で説明する）．したがって，分子中の多くの電子は分子全体に非局在化している．

1.2.1 定性的な分子軌道に関する基本事項

分子についても原子に対する原子軌道に相当する新しい軌道を考えることができ，これが分子軌道である．分子軌道論では，この新しい軌道（分子軌道）は原子軌道の一次結合で表せるとする．したがって，どの分子軌道もその分子を構成する原子軌道の足し引きで表され，分子を構成する原子が $\chi_1, \chi_2, \chi_3, \cdots, \chi_n$ の n 個の原子軌道をもつとき，ある分子軌道（ϕ）は次式で表される．

$$\phi = a_1\chi_1 + a_2\chi_2 + a_3\chi_3 + \cdots + a_n\chi_n \tag{1.2}$$

ここで，$a_1, a_2, a_3, \cdots, a_n$ は各原子軌道に対する係数で（正もしくは負），その絶対値の大きさは，分子軌道に対するその原子軌道の寄与の大きさを表している．中には全く寄与しない原子軌道もあり，そのような原子軌道の係数は 0 である．具体例を考える前に，一般的な分子軌道の特徴をまとめておこう．

1. 分子軌道の総数はもととなる原子軌道の総数と等しい．

n 個の原子軌道から必ず n 個の分子軌道が生成する．

2. 分子軌道は結合性軌道，反結合性軌道，非結合性軌道の三種類に分類される．

二つの軌道が相互作用する場合を考えよう．このとき，二つの分子軌道ができ，そのうちエネルギー的に安定な軌道が**結合性軌道**（bonding orbital）で，不安定な軌道が**反結合性軌道**（antibonding orbital）である．結合性軌道に電子が詰まるとその結合が安定化し，一方，反結合性軌道に電子が詰まると結合が不安定化する．**非結合性軌道**（nonbonding orbital：n 軌道）とは，相互作用す

る軌道がなく，原子軌道がほぼそのまま分子軌道になったもので，式 (1.2) で一つの原子軌道の係数以外すべてが0となったものである．また，軌道間の相互作用はあるものの，とても弱くほとんど化学結合に影響を及ぼさない分子軌道（一つの原子軌道を除き軌道の係数がとても小さい分子軌道）も非結合性軌道と捉えることができる．非結合性軌道に電子が詰まると，その電子はある原子軌道に局在化し，このような軌道に存在する電子対を**非共有電子対**（unpaired electron）と呼ぶ．

3. 結合性軌道の安定化の程度は相互作用する軌道間のエネルギー差と軌道間の重なりに依存する．

二つの軌道（χ_1 と χ_2）が相互作用し，結合性軌道（ϕ_+）と反結合性軌道（ϕ_-）を形成する場合を考えよう（図 **1.3**）．ϕ_+ 軌道の安定化の度合い（また，ϕ_- 軌道の不安定化の度合い）は，相互作用する軌道（χ_1 と χ_2）の間のエネルギー差（ε）と，両者の重なり（重なり積分 S）で決まる（式 (1.3)）．

$$\Delta E \propto \frac{S^2}{\varepsilon} \qquad (1.3)$$

重なり積分（overlapping integral）は二つの軌道 χ_1 と χ_2 の積の全空間積分で，

$$S = \int \chi_1 \chi_2 \, d\tau \qquad (1.4)$$

図 **1.4** に示すように，二つの軌道の**位相**（phase）が同じ部分（同じ色の部分）が重なると $S > 0$ で（**結合性相互作用**），位相の異なる部分が重なると $S < 0$ となる（**反結合性相互作用**）．位相は電子の波としての性質を反映したもので，同じ位相のローブ（図 **1.4** の軌道で，白や黒で示した部分）を重ねると，同じ位相の波を重ねたときに増幅するように，軌道のローブが大きくなる．一方，位相の異なるローブを重ね合わせると打ち消しあって，ローブが小さくなる．また，結合性と反結合性相互作用が同じとき $S = 0$ となって，このとき新しい分子軌道の形成は起こらない．$S = 0$ となるのは，例えば p 軌道の**節面**（node），つまり位相が変化し電子密度がゼロのところに s 軌道を置く場合で，$S > 0$ の相互作用と $S < 0$ の相互作用が相殺し結果として $S = 0$ になる．

S は空間的な重なりを表すものでエネルギーではないため，本来は軌道間の相互作用のエネルギーを表す**共鳴積分**（resonance integral：β）を用いるべき

だが，S と β の間に良い相関があり，分子軌道の解析では，軌道間の重なりとして視覚的に捉える方がわかりやすいので，S を使うことが多い．本書でも S を使った式 (1.3) を用いる．また，二つの軌道（χ_1 と χ_2）のエネルギーが近いときには，安定化エネルギー（ΔE）は式 (1.5) で表される．

$$\Delta E \propto S \tag{1.5}$$

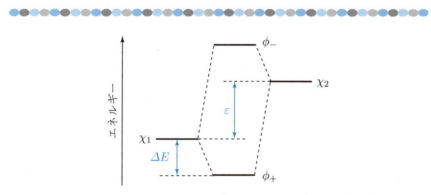

図 1.3 χ_1, χ_2 の軌道間の相互作用により ϕ_+, ϕ_- の二つの分子軌道が形成される．

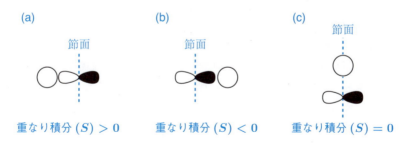

図 1.4 s 軌道と p 軌道の配置による重なり積分（S）の変化．**(a)** 結合性相互作用，**(b)** 反結合性相互作用，**(c)** 非結合性相互作用．軌道の白と黒は位相の違いを表している．

4. エネルギー的に近い原子軌道が生成する分子軌道に対する寄与が大きい.

図 1.3 の軌道間の相互作用で生成する結合性軌道（ϕ_+）は式 (1.6) で表される.

$$\phi_+ = a_1\chi_1 + a_2\chi_2 \tag{1.6}$$

ϕ_+ は結合性軌道なので，$a_1 > 0, a_2 > 0$ だが，a_1 と a_2 の絶対値はどちらが大きいだろうか. 図 1.3 を見ると，ϕ_+ は χ_1 軌道とエネルギーが近いので，ϕ_+ 軌道に対する χ_1 軌道の寄与の方が χ_2 軌道の寄与より大きく，$|a_1| > |a_2|$ である.

一方，反結合性軌道（ϕ_-）を式 (1.7) で表すと，

$$\phi_- = a'_1\chi_1 + a'_2\chi_2 \tag{1.7}$$

となり，a'_1 と a'_2 の符号は逆で（例えば $a'_1 < 0, a'_2 > 0$），エネルギーの近い χ_2 軌道の寄与の方が大きく $|a'_1| < |a'_2|$ である. したがって，もととなる軌道（χ_1 と χ_2）間のエネルギー差が大きくなると，結合性軌道 ϕ_+ への χ_1 の寄与が大きくなる. 一方，反結合性軌道 ϕ_- については χ_2 軌道の寄与が大きくなる. χ_1 と χ_2 のエネルギー差がとても大きくなると，しまいに $\phi_+ \approx \chi_1, \phi_- \approx \chi_2$ となる. このようになってしまうと，軌道間の相互作用は無視できるほど小さく，もとの軌道から変化しないため，このような軌道間の相互作用は無視できる. すなわち，定性的に分子軌道を考える際に考慮すべき軌道は，

(1) 軌道間のエネルギー差が比較的小さく，
(2) 重なり積分がゼロでない（$S \neq 0$）軌道である.

5. 三つの軌道間の相互作用

これまで二つの軌道間の相互作用を考えてきたが，図 1.5 に示すような三つの軌道間の相互作用を考えることが頻繁にある. このような場合の分子軌道の求め方を説明する. ここで，A の一つの軌道（χ_A）が B の二つの軌道（χ_1, χ_2）と相互作用する場合を考える. 三つの軌道が関わるので，当然三つの分子軌道が生成する. これらを安定な順に ϕ_1, ϕ_2, ϕ_3 としよう. これら三つの分子軌道は χ_A, χ_1, χ_2 の一次結合で表すことができるが，簡単のため各軌道の係数の大きさを無視し，符号だけに着目する. ここで考えるべき軌道間の相互作用は χ_A と χ_1，χ_A と χ_2 であって，χ_1 と χ_2 はともに B の軌道なので両者の相互作用を考える必要はない. このことに注意すると，最も安定な分子軌道 ϕ_1 は，

χ_A と χ_1, χ_A と χ_2 両方の相互作用が結合的で,すなわち $\chi_A + \chi_1$, $\chi_A + \chi_2$ という関係にあり,まとめると式 (1.8) となる.

$$\phi_1 = \chi_A + \chi_1 + \chi_2 \tag{1.8}$$

図 1.5 の場合,ϕ_1 は χ_1 にエネルギーが近いため,ϕ_1 における χ_1 の係数が一番大きいことがわかる.つづいて,最も不安定な分子軌道 (ϕ_3) について考えると,χ_A と χ_1, χ_A と χ_2 両方の相互作用が反結合的となり,$\chi_A - \chi_1$, $\chi_A - \chi_2$ という関係から,これをまとめると,

$$\phi_3 = \chi_A - \chi_1 - \chi_2 \tag{1.9}$$

となる.最後に残った中間的な安定性をもつ分子軌道 (ϕ_2) が迷うところだが,はじめに,χ_A と χ_1 の ϕ_2 軌道への寄与を考える.反結合的に相互作用する ($\chi_A - \chi_1$) と,エネルギー的に ϕ_2 軌道に近づく.次に,χ_A と χ_2 の相互作用が結合的になる ($\chi_A + \chi_2$) と,ϕ_2 軌道に近づく.よって,これらをまとめ,

$$\phi_2 = \chi_A - \chi_1 + \chi_2 \tag{1.10}$$

となる.ここで示した,ϕ_1 から ϕ_3 の分子軌道に対するもととなる軌道 (χ_1, χ_2, χ_A) の相互作用の仕方(つまり,符号)は χ_1 と χ_2 に対して χ_A がどのようなエネルギーの相対関係にあっても成り立ち,変わるのは各軌道の係数の絶対値だけである.

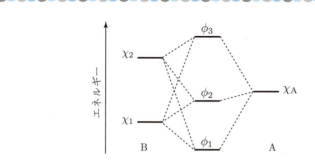

図 1.5　三つの軌道間の相互作用.A, B は原子や分子である.

1.2.2 定性的な分子軌道の作成の具体例

ここでは，異核二原子分子であるフッ化水素（HF）を例に，前項でまとめた基本事項をもとに，定性的な分子軌道を作成してみよう．図 1.6(a) に示す座標系でフッ化水素の分子軌道を考える．ここで，フッ素については，1s 軌道は 2s, 2p 軌道よりもずっと安定でエネルギーが離れているので，**荷電子**（valence electron）の入った 2s, 2p 軌道が主に H–F 結合に関与する．したがって，考えるべき原子軌道は合計五つで，生成する分子軌道の数も五つである．各原子軌道のエネルギー順位を図 1.6(b) に示す．つづいて，重なり積分がゼロとならない軌道の組合せを探す．水素の 1s 軌道と重なり積分がゼロとならないフッ素の原子軌道は 2s 軌道と $2p_z$ 軌道で，$2p_x, 2p_y$ 軌道は重なり積分がゼロとなるので，これら二つの軌道は非結合性軌道になる．水素の 1s 軌道，フッ素の 2s, $2p_z$ 軌道の三つの間で相互作用が起こるので，前項 5 の結果を用いて，これらの軌道間の相互作用で生成する三つの分子軌道（$\sigma_1, \sigma_2, \sigma_3$）は以下のように表される．ここでも，簡便のため軌道の係数を省略している．

$$\sigma_1 = 1s_{(H)} + 2s_{(F)} + 2p_{z(F)} \tag{1.11}$$

$$\sigma_2 = 1s_{(H)} - 2s_{(F)} + 2p_{z(F)} \tag{1.12}$$

$$\sigma_3 = 1s_{(H)} - 2s_{(F)} - 2p_{z(F)} \tag{1.13}$$

ここで，$2s_{(F)}$ のエネルギーが低く，σ_1 への $2p_{(F)}$ の寄与が小さいため，$\sigma_1 = 1s_{(H)} + 2s_{(F)}$ と考えて良い．

つづいて，各分子軌道を図示しよう．図 1.6(c) で位相の異なる部分が重なると，その部分は小さくなる．ここで，$1s_{(H)}$ と $2s_{(F)}$，$1s_{(H)}$ と $2p_{z(F)}$ の相互作用に着目することに注意すると，図 1.6(c) に示すようになる．そのため，σ_1 軌道は H–F 間の結合性軌道，σ_2 は H と F の軌道の重なりがとても小さいのでほぼ非結合性軌道とみなすことができ，σ_3 軌道は反結合性軌道である．フッ化水素の定性的なエネルギー準位図（図 1.6(b)）の一番下の軌道から順に電子を充填していくと基底状態の電子配置ができる．ある結合の形式的な結合次数は

$$形式結合次数 = \frac{結合性軌道の電子数 - 反結合性軌道の電子数}{2}$$

で表される．H–F 結合に関わる分子軌道は σ_1 と σ_3 なので，H–F 結合の形式結合次数は 1 となり単結合である．また，残りの電子が充填されている軌道

($2p_x$, $2p_y$, σ_2) はいずれも非結合性軌道で，フッ素原子に局在化した軌道である．つまり，これらの軌道に充填された電子が非共有電子対である．H–F 結合の結合性軌道（σ_1）のフッ素と水素原子上の軌道の係数を比べると，フッ素原子上の方が大きい．これは，σ_1 軌道がフッ素の 2s 軌道とエネルギーが近いためである．したがって，水素とフッ素原子の間で共有結合を形成したものの，σ_1 軌道の二電子の多くはフッ素原子上にあることを意味しており，$F^{\delta-}$–$H^{\delta+}$ というように分極していることになる．これはフッ素原子の電気陰性度が高いことから推測される結果と同じである．分子軌道から考えると，$2s_{(F)}$ 軌道と $1s_{(H)}$ 軌道のエネルギー差が大きいため，結合性の σ_1 軌道に対する $2s_{(F)}$ 軌道の寄与が大きくなったということで，もし両軌道のエネルギーが近づくと，結合性軌道に対する二つの軌道の寄与が近づき，結合の分極は小さくなる．つま

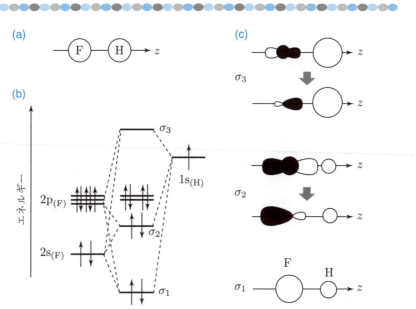

図 1.6 フッ化水素（**HF**）の定性的な分子軌道．**(a)** ここでは H–F 結合を z 軸とする．**(b)** フッ素の荷電子軌道（**2s, 2p**）と水素の **1s** 軌道との相互作用により三つの σ 性軌道（σ_1, σ_2, σ_3）が生成する．そのうち，σ_2 は非結合性が強い．**(c)** 三つの σ 軌道の模式的な概形．

り，二つの軌道のエネルギー差が小さいほど，共有結合性が高く，両者の差が大きいほど，イオン性が強くなる（図 1.7）．事実，フッ化水素の H–F 結合のイオン性は 60%ほどと高い．

ここでは一例としてフッ化水素の定性的な分子軌道を作成したが，以降の章で，酸素（4.3.2 (1) 項），直線 AH_2 分子と水分子（3.5.1 項），一酸化炭素（4.3.2 (2) 項），正八面体型錯体（4.3.2 (1), (2) 項），平面四角形型錯体（5.3.3 項）の分子軌道を扱う．

演習問題

1.1 エチレンの C–C 結合は σ 結合と π 結合からなる二重結合である．σ 結合と π 結合ではどちらが強いか．またそれはなぜか．
1.2 s 軌道がある軌道と相互作用するとき，重なり積分がゼロかどうかは節面から判断できる．d_{z^2} 軌道の節面を図示し，どの方向から s 軌道が近づくとき相互作用が起こらないか．
1.3 NaCl の結晶構造では，Na^+ と Cl^- イオン間に静電相互作用がはたらき（イオン結合），Na–Cl 間の結合を分子軌道から考えない．それはなぜか．
1.4 分子認識や自己集合に利用される化学結合には可逆性があることを学んだが，共有結合の中にも可逆性をもつものがあり，利用されることがある．可逆な共有結合の例を挙げよ．

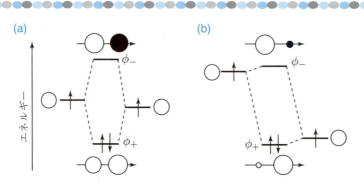

図 1.7 **(a)** 相互作用する二つの軌道のエネルギーが近いと分子軌道に対するそれぞれの軌道の寄与は近く，共有結合性が高くなる．**(b)** 相互作用する二つの軌道のエネルギーが離れると，分子軌道に対する片方の軌道の寄与が強くなり，イオン性が高くなる．

第2章

分子認識，自己集合における溶媒の役割と性質

　溶媒は分子認識や自己集合体の構成要素とはならないため，重要ではないように思われるかもしれないが，実際には常に溶媒が分子を取り囲んでいる（溶媒和している）．そのため，溶媒はとても重要な存在で，後の章で見るように溶媒分子を無視して分子認識や自己集合を議論することはできない．そこで本章では，溶媒の性質とその役割，つづいて溶液中における熱力学について考える．

2.1 分子認識，自己集合における溶媒の重要性

ある溶媒中で二つの構成分子 A が自己集合（二量化）し，構造体 A·A を形成する場合を考えよう（図 2.1(a)）．このとき，二つの A の間に何かしらの引力がはたらくことで，A が互いに結合した状態が安定となり，A·A へ集合化する．したがって，A·A の形成には A··A 間にはたらく相互作用が重要なことは当然である．次に，溶媒分子の存在を含めて A の自己集合を図示してみよう（図 2.1(b)）．ここで，A, A·A に近接する溶媒分子（溶媒和分子）だけを描いているのは，それ以外の溶媒分子については自己集合の前後（反応式の左辺と右辺）を比較して大きな変化がないとして，無視しているためである（このような近似はよく成り立つ）．ここで，自己集合前は二つの分子 A の表面全体を覆うように溶媒分子が存在し，一方 A·A では，A··A 間の相互作用部位を除く表面が溶媒和されている．このため，二分子の A が自己集合するためには，

(1) A の表面に存在する一部の溶媒分子を引き剥がし，つづいて
(2) 剥き出しになった A の表面間が接触する必要がある．

ここで A の表面間に引力的な相互作用がはたらいていれば，(2) は安定化にはたらくが，(1) では A の表面を溶媒和している溶媒分子を引き剥がし不安定化するためのエネルギー（**脱溶媒和エネルギー**）が必要で，自己集合を単純に構成要素間にはたらく安定化エネルギーだけで考えることができない．

第 1 章で見たように，自己集合体を効率良く生成するためには，構成要素 A の間に可逆な相互作用が必要で，具体的にどのような相互作用があるのかは第 3 章で詳しく見ていくが，これらの相互作用の多くは，共有結合に比べずっと弱い．そのため，分子認識や自己集合を考えるうえで溶質–溶媒間相互作用を無視できない．さらに，A の表面から引き剥がされた溶媒同士が相互作用すること（溶媒–溶媒間相互作用）も忘れてはいけない．したがって，分子認識や自己集合を考えるとき，常に

(1) A··溶媒間（と A·A··溶媒）
(2) A··A 間
(3) 溶媒··溶媒間

の三つの相互作用を考慮する必要がある．このため，たとえ A⋯A 間に引力的な相互作用がはたらいていたとしても，A⋯溶媒間の相互作用の方が強ければ，A·A の生成率は低いか，もしくは A·A がほとんど生成しないこともある．つまり，A との相互作用が弱い溶媒を選べば，A·A の生成が有利になる．また，溶媒⋯溶媒間の相互作用がとても強く，A⋯溶媒間の相互作用が弱ければ，A から脱溶媒した方が有利になり，その結果として A·A を与えることもある．このような性質を示す溶媒の代表は水である．水分子間の相互作用はとても強く，A が疎水性分子の場合，A⋯A 間にはとても弱い相互作用しかはたらいていないにも関わらず，水分子同士の強い相互作用を駆動力として A·A を形成することが可能で，これが**疎水効果**（hydrophobic effect）である（3.4節）．

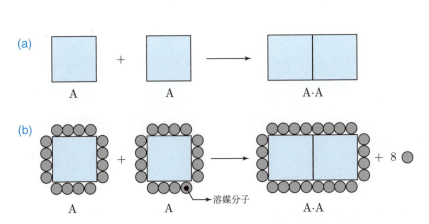

図 2.1 二分子の A の相互作用による二量体（A·A）の形成．**(a)** 気相中では A の間の相互作用のみを考慮すれば良いが，**(b)** 溶液中では二量体形成によって脱溶媒和される溶媒分子の安定化も A·A の生成に影響する．

2.2 溶液における溶媒分子の配置

ある系の熱力学的な安定性は**ギブズエネルギー**（Gibbs free energy: G）で表され，これは**エンタルピー**（enthalpy: H）と**エントロピー**（entropy: S）により決まる．詳細は熱力学の教科書に譲るが，エンタルピーは構成要素間にはたらく引力や斥力のエネルギーに関わり，エントロピーはその状態の自由度と関係がある．我々の興味は分子認識や自己集合の前後二状態間のエネルギー差（$\Delta G, \Delta H, \Delta S$）で，これらと絶対温度（$T$）の間に式 (2.1) の関係がある．

$$\Delta G = \Delta H - T\Delta S \tag{2.1}$$

図 2.1(b) の A-A では両分子間に引力的な相互作用がはたらいている（その強さは A⋯A 間の分子間相互作用による）．また，溶液中の分子は自由に運動しその位置を変化させており，分子の位置が固定された固体状態に比べ，エントロピー的に有利である．ここで溶媒中に小さな泡（真空）が存在する場合を考えよう（図 2.2）．泡の周りに存在する溶媒分子は泡に適応するようにその配向が限られ，外側の溶媒分子との交換が抑制されるため，それ以外の溶媒分子（バルク）に比べて，エントロピー的に不利である．また，泡の周りの溶媒は溶媒⋯溶媒間の相互作用が少ない分，エンタルピー的にも不利である．そのため溶液中で泡をつくることは常に不利で，溶液は空間を埋めようとする．

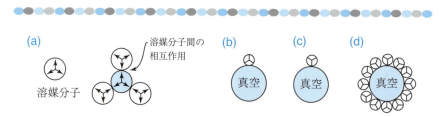

図 2.2 溶媒中に真空の泡が存在する場合の泡の周りに存在する溶媒分子の模式図．**(a)** ここで，溶媒分子には三つの相互作用点があると仮定し，最大三つの溶媒分子と結合できる．**(b)** 真空に対する溶媒分子の配向．この場合二つの相互作用点が真空に向いているため，残る一箇所のみしか，溶媒との相互作用に利用できず不利である．**(c)** 一箇所の相互作用点のみを真空に向けると二箇所を溶媒との相互作用に利用でき，**(b)** より有利である．**(d)** したがって，真空に接する溶媒分子の配向はある程度制限されている．

2.3 動径分布関数

　液体は各分子がランダムに存在する気体と各分子が高度に配列化された状態である固体の中間的な性質をもつ．溶液中の分子間の相対的な位置を議論する際に，**動径分布関数**（radial distribution function: $g(r)$）を用いると便利である．動径分布関数とはある粒子 a から距離 r 離れたところに他の粒子が存在する確率を表したものである．距離 r から $r+dr$ の球殻に存在する粒子の数を $n(r)$ とすると（図 **2.3**(a)），球殻内の粒子の数密度 $\rho(r)$ は式 (2.2) で表される．

$$\rho(r) = \frac{n(r)}{4\pi r^2 dr} \tag{2.2}$$

$\rho(r)$ をこの物質の平均密度 ρ で割ったものが粒子 a の動径分布関数 $g_a(r)$ で，$g_a(r)$ の時間平均が物質の動径分布関数 $g(r)$ である．

$$g(r) = \langle g_a(r) \rangle = \frac{\langle n(r) \rangle}{4\pi r^2 dr \rho} \tag{2.3}$$

結晶構造では，各分子が周期的に位置しているため，図 **2.3**(b) に示すように，遠くまで離れても $g(r)$ が小さくなることはないが，溶液では，最初に見られる山が第一溶媒和分子（着目している分子を取り囲む分子）を示しており，これらは強く配向しているが，第二，第三と離れていくにつれて，$g(r)$ は小さくなり，遠くではランダムになってしまう（図 **2.3**(c)）．

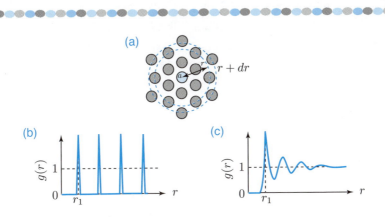

図 **2.3** **(a)** 粒子 a から距離 r と $r+dr$ の球殻に存在する他の粒子．結晶中 **(b)** および溶液中 **(c)** における動径分布関数の模式図．

2.4 溶媒の分類と性質を示す尺度

2.1 節で見たように，構成要素の溶媒和が自己集合体の形成に大きく影響することがある．それでは，具体的にどのような溶媒が溶質を溶媒和しやすいのだろうか．そこで，溶媒の性質をいくつかの側面から考えてみよう．

2.4.1 極性とプロトン性

正と負の電荷の中心が離れて位置するとき，**永久双極子**（permanent dipole）（もしくは**双極子**ともいう）が発生する（図 2.4(a)）．双極子はベクトル量で（**双極子モーメント**（dipole moment）），負電荷から正電荷に向かう矢印で示す（有機化学では，正電荷から負電荷に向かって示すことがあるが，そのときは矢印の元が + であることがわかるように，$\longmapsto$ と示す）．また，正電荷 $+q$ と負電荷 $-q$ の中心間の距離が l のとき，双極子モーメント μ の大きさ（絶対値）は ql で表され，単位は C m であるが，双極子は原子や分子単位で用いられるため，10^{-30} C m くらいととても小さく使いにくい．そのため 3.3356×10^{-30} C m を 1 D（デバイ）としてデバイ単位で表すことが多い．

大きな双極子モーメントをもつ溶媒を**極性溶媒**（polar solvent）と呼び，電荷をもったイオンや分子をよく溶かす．一方，双極子モーメントの小さな溶媒を**非極性溶媒**（nonpolar solvent）と呼び，イオンの溶解性が低い．また，酸素，硫黄，窒素などに結合した水素は水素結合の形成力があり，このような溶媒を**プロトン性溶媒**（protic solvent）と呼び，水やアルコールはプロトン性溶媒である．一方，このような水素をもたない溶媒を**非プロトン性溶媒**（aprotic solvent）と呼ぶ．多くのプロトン性溶媒は極性溶媒だが，非プロトン性溶媒には極性溶媒も非極性溶媒もある．例えば，N,N-ジメチルホルムアミド（DMF）やジメチルスルホキシド（DMSO）は非プロトン性極性溶媒である（図 2.4(b)）．

2.4.2 誘電率

溶媒の極性の強さを測る尺度の一つとして**誘電率**（dielectic constant: ε_μ）がある．溶媒を電場中に置くと，溶媒分子は電場に応答し外部電場を打ち消す（これを**遮蔽**という）ように配向する．したがって，誘電率は溶媒の外部電場に

対する応答性の度合いを示したもので，誘電率が高いほど極性が高い．真空中の誘電率 (ε_0) に対する溶媒の誘電率 (ε_μ) の比が**比誘電率** (ε) であり，通常，比誘電率が用いられる．表 2.1 にいくつかの溶媒の比誘電率を示す．比誘電率の高い溶媒は，溶質の電荷や双極子のつくる電場を打ち消す効果が強く，電荷間の引力や斥力を弱める力がある．ホルムアミドの比誘電率が最も大きく，つづいて水の比誘電率が大きい．二つの電荷 $z_1 e$ と $z_2 e$ の間には静電相互作用がはたらき，そのエネルギーは式 (2.4) で与えられる．第 3 章で分子間の相互作用を分類するが，これらのエネルギーは距離のべき乗 (r^{-n} (n は整数)) で表されるものが多い．n が小さいほど，遠くまでその力が及び，n が大きくなるにつれて近づかない限りその相互作用が有効にはたらかないことを示している．二つの電荷間にはたらく静電相互作用は $n = 1$ と小さく，遠方まではたらく強い相互作用である．

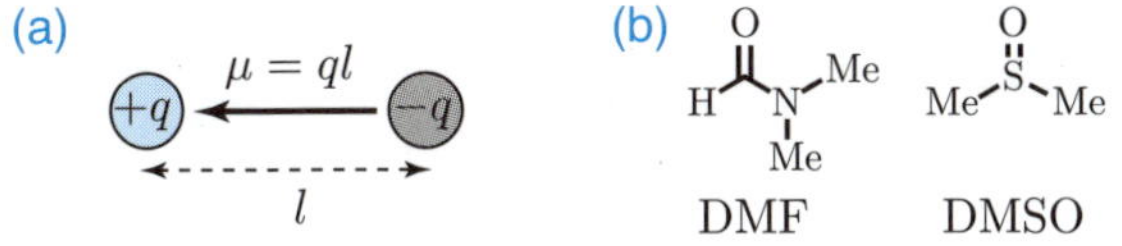

図 2.4 **(a)** 双極子，**(b)** 非プロトン性極性溶媒である DMF と DMSO の化学式

表 2.1 いくつかの溶媒の比誘電率と極性を表すパラメーター

溶媒	ε	Z	$E_T(30)$	Π^*
ホルムアミド	111	83	57	0.97
水	78	95	63	1.1
DMSO	47	71	45	1.0
DMF	37	69	44	1.0
メタノール	33	84	55	0.60
アセトン	21	66	42	0.71
ピリジン	13	64	40	0.87
クロロホルム	5	—	35	0.27
ジエチルエーテル	4	—	34	0.27
ベンゼン	2	54	34	0.59
n-ヘキサン	2	—	31	−0.04

$$U(r) = \frac{z_1 z_2 \mathrm{e}^2}{4\pi\varepsilon r} \tag{2.4}$$

2.4.3　Z スケール

色素分子である N-エチル-4-メチルカルボキシピリジニウムヨージド **1**（図 **2.5(a)**）は溶媒の極性に応じて吸収波長が変化する．このような性質を**ソルバトクロミズム**（solvatochromism）と呼ぶ．**1** の基底状態はイオン性であるため極性溶媒中で強く安定化されるが，光を吸収し励起状態になると，分子内で電荷移動が起こり中性ラジカルになるため，**励起状態は基底状態に比べると極性溶媒によって安定化されない**（図 **2.5(b)**）．このため，溶媒の極性が高いほど，基底状態と励起状態のエネルギー差が大きくなり，吸収波長が短くなる（電子が遷移するために高エネルギーの光が必要になる）．この性質を利用し，ある溶媒中における **1** の紫外可視吸収スペクトルの最大吸収波長（$\lambda_{\max}$）から式 (2.5) を用いて Z スケールが求められる．Z スケールが大きいほど，溶媒の極性が高いことを示す．

$$Z = \frac{hcN_\mathrm{A}}{\lambda_{\max}} = \frac{2.859 \times 10^4}{\lambda_{\max}} \tag{2.5}$$

ここで，h はプランク定数（$h = 6.62607004 \times 10^{-34}$ m^2 kg s^{-1}]），c は真空中における光の速度（$c = 299792458$ [m s^{-1}]），N_A はアボガドロ定数（$N_\mathrm{A} = 6.02214086 \times 10^{23}$）である．

2.4.4　$E_T(30)$ スケール

色素 **1** と同じようにイオン性のピリジニウムベタイン **2**（図 **2.5(a)**）も光を吸収すると分子内で電荷移動を起こし，電荷が再分配した励起状態を形成する．このため，励起状態と基底状態の極性溶媒に対する安定化が異なり，溶媒の極性に応じて吸収波長が変化する．本質的には Z スケールと同じで，$E_T(30)$ スケールも式 (2.5) で表される．$E_T(30)$ の欠点は，酸性プロトンをもつ溶媒中ではベタイン **2** のフェノキシドがプロトン化されフェノールになってしまい，極性スケールを求められないことである．

2.4.5 Π*スケール

Π*スケールも Z スケール，$E_T(30)$ スケールと同様に，色素分子のソルバトクロミズムを利用するが，複数の色素を用いることで，色素分子の特異性が補正されている．

表 2.1 に示すように，各溶媒の極性を比べると，いずれのスケールにおいても水の極性が一番高いことがわかる．

この他，極性パラメーターとして溶媒の水素結合の能力を表したパラメーター（水素結合のドナー定数（α），アクセプター定数（β））があるが，これについては 3.4.9 項で説明する．

2.5 溶 解 性

溶解という現象は思った以上に複雑である．溶質が固体状態のとき，溶質分子間に相互作用がはたらいているが，溶媒に溶けると，これが溶質-溶媒間相互作

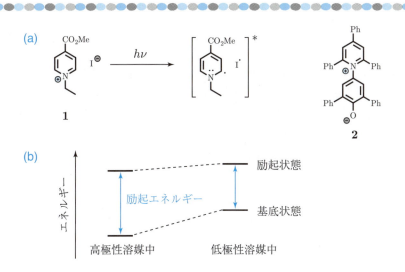

図 2.5 **(a)** N-エチル-4-メチルカルボキシピリジニウムヨージド (**1**) の光吸収により生成する中性ラジカルとピリジニウムベタイン (**2**)，**(b)** 極性溶媒中における基底状態と励起状態の安定化の違い．

用に置き換わる．そのため，溶質−溶媒間相互作用に比べ溶質−溶媒間相互作用が強い場合，溶液状態の方が熱力学的に安定で，固体は溶媒に溶けるが，実際にはそう単純ではない．これは溶解の過程において，固体の塊が壊れ溶媒中に移っていく速度も重要で（速度論的な寄与），実際に物質が溶媒に溶けるか予測することは容易ではない．物質が溶解するときの熱力学的な変化を考えよう．ある物質が溶媒に溶解するとき，系の自由エネルギーは必ず減少する．仮想的に溶解を次の三段階に分け，これに伴うエネルギー変化を考える（**図 2.6**）．(1) はじめに溶媒中に溶質分子が入る大きさの**空隙**（cavity）をつくる．2.2 節で見たように，溶液中に真空の泡をつくることは不安定である（$\Delta G_{\text{cavity}} > 0$）．バルク中の溶媒分子はあらゆる方向から周りの溶媒分子と位置を交換できるが，空隙の周りの溶媒分子の近くは溶媒分子の数が少なく，外側の溶媒分子と交換する機会が少ないために交換が遅い（交換が抑制されている）．このため，この状態はエントロピー的に不利である．また，空隙の周りの溶媒分子は溶媒−溶媒間相互作用も少ないために，エンタルピー的にも不利である．(2) 次に溶質−溶質間の相互作用を断ち切って溶質が孤立する．この段階も不安定で（$\Delta G_{\text{break}} > 0$），これは結合の解離に伴う大きなエンタルピーの不利に由来する．(1) と (2) のエンタルピーは溶媒および溶質の蒸発エンタルピーと相関がある．(3) 最後に空隙の中へ孤立した溶質分子が入る．ここでは，溶質−溶媒間に相互作用により系は安定化する（$\Delta G_{\text{transfer}} < 0$）．また，溶解により溶質と溶媒が混ざり合うため，エントロピー的にも有利である（$\Delta S_{\text{mixing}} > 0$）．したがって，溶媒和エネルギー（$\Delta G_{\text{total}}$）は式 (2.6) で表され，これが負のとき，溶質は溶媒に溶解する．

$$\Delta G_{\text{total}} = \Delta G_{\text{cavity}} + \Delta G_{\text{break}} + \Delta G_{\text{transfer}} - T\Delta S_{\text{mixing}} < 0 \quad (2.6)$$

溶媒和エネルギーの尺度として，**移動自由エネルギー**（free energy of transfer）（$\Delta G_{\text{tr}}^{\circ}$）がある．$\Delta G_{\text{tr}}^{\circ}$ はある溶媒中にある溶質を別の溶媒に移動させたときの自由エネルギー変化である．ここでは希釈溶液を仮定しており溶質−溶質間の相互作用は無視できる．**表 2.2** に溶質としてイオン性の四級アンモニウム塩（$Et_4N^+I^-$）と脂溶性の t-BuCl について $\Delta G_{\text{tr}}^{\circ}$ をメタノールに対する相対値として示す．極性分子が水に溶けると安定だが，脂溶性の分子が溶けると不安定なことがわかる．

2.5 溶解性

溶質の周りに存在する溶媒分子の性質はバルクの溶媒の性質と大きく異なる．通常，溶質と溶媒間に引力がはたらいているため，溶媒分子は溶質周りに集められており，溶質は単独分子のときよりも大きな分子として振る舞う．このように溶質に集められた溶媒部分を**サイボタクティック領域**（cybotactic region）と呼ぶ．サイボタクティック領域の大きさは溶媒の誘電率と溶質の性質に依存する．高い誘電率をもつ溶媒に電荷をもつ極性分子が溶けると，溶質–溶媒間に強い相互作用がはたらくが，溶媒の誘電率が高いため，その相互作用は溶質から離れると急激に減少し，サイボタクティック領域は小さい．一方，誘電率の低い溶媒中に電荷をもつ極性分子を溶かすと，クーロン力が遠方まではたらき，サイボタクティック領域が大きくなる．また，電荷をもつ極性分子がつくるサイボタクティック領域にある溶媒の密度はバルクに比べて高い．これは溶質に溶媒が引き付けられて密に配向しているためで，このような効果を**電気歪**（electrostriction）という．

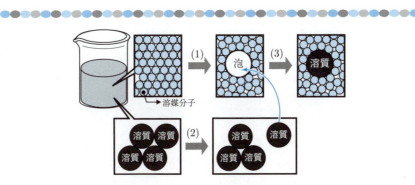

図 2.6 固体物質の溶媒への溶解の熱力学的な理解．仮想的に考えるもので，実際にはこのような段階を経て進むわけではない．

表 2.2 溶媒の移動自由エネルギー（ΔG_{tr}°）（kcal mol^{-1} 単位）．メタノールに対する相対値

溶媒	$\Delta G_{tr}^\circ(\mathrm{Et_4N^+I^-})$	$\Delta G_{tr}^\circ(t\text{-BuCl})$
水	−1.79	5.26
DMSO	0.19	−0.12
アセトン	3.49	−0.95
ベンゼン	26.0	−1.22

2.6 溶液の熱力学

ある二つの状態のうちどちらが安定であるかは,これらの状態のギブズエネルギー差(ΔG)で決まる.ギブズエネルギー(G)は定圧におけるその系の全エネルギーである.

2.6.1 化学ポテンシャル

ある溶質 A が溶媒に溶けているときのギブズエネルギーを考える.このとき,A の**化学ポテンシャル**(μ_A)は式 (2.7) で定義される.

$$\mu_A = \frac{\partial G_{total}}{\partial n_A} \tag{2.7}$$

ここで G_{total} は系の全ギブズエネルギー,n_A は溶質 A の数である.μ_A は A の量に対する溶液の安定性を示しており,さらに A が溶けるか,それともこれ以上溶けずに沈殿を生じるかを判断する基準になる.μ_A はポテンシャルエネルギーと似ており,μ_A が 0 でないとき,系の状態を変化できる条件下にあれば,もっと A を溶解するか,もしくは A の濃度を下げる方向へ自発的に動く.

同様に,溶媒の化学ポテンシャル(μ_s)を考慮する必要がある.したがって,系全体のギブズエネルギー(G_{total})は式 (2.8) で表される.

$$G_{total} = n_A \mu_A + n_s \mu_s \tag{2.8}$$

エネルギーは相対値として表されるため,化学ポテンシャルについてもある標準状態の化学ポテンシャル(μ_A°)に標準状態からの変化分を加える形で表される.この変化分に相当する部分が $RT \ln(a_A)$ で,a_A は溶質 A の**活量**(activity)である.そのため,ある状態の化学ポテンシャル(μ_A)は式 (2.9) で表される.

$$\mu_A = \mu_A^\circ + RT \ln(a_A) \tag{2.9}$$

a_A は式 (2.10) に示すように,A の濃度 [A],標準状態における A の濃度 $[A]_0$(1 M)と**活量係数**γ(activity coefficient)からなり,無次元である.

$$a_A = \frac{\gamma [A]}{[A]_0} = \frac{\gamma [A]}{1 \text{ M}} \quad ([A]_0 = 1 \text{ M}) \tag{2.10}$$

活量係数(γ)は理想状態で考慮していなかった溶質分子の振る舞いを反映したパラメーターである.例えば,理想状態では溶質間の相互作用は無視されて

いるが，実際には溶質分子同士が会合する性質をもつような場合，その系の粒子数が減ったような振る舞いをする．

ここで，全ギブズエネルギー（G_{total}）が活量（a_A）に対して図 2.7 のように変化する場合を考えよう．各点における接線の傾きが化学ポテンシャル（μ_A）に相当する．G_{total} の極小値では，これ以上 A が溶解してもポテンシャルエネルギーを放出しないため，自発的に別の状態へ変化することはない．A の濃度 [A] が 1 M のとき（標準状態）の接線の傾きが標準状態の化学ポテンシャル（μ_A°）である．

2.6.2　化学反応における熱力学

つづいて，溶液中である溶質が二つの状態（A と B）間の平衡にある場合，

$$A \rightleftarrows B \tag{2.11}$$

状態 B の化学ポテンシャル μ_B も式 (2.9) と同様に式 (2.12) で表される．

$$\mu_B = \mu_B^\circ + RT \ln(a_B) \tag{2.12}$$

化学ポテンシャルは溶液中の組成の変化を引き起こそうとする駆動力の大きさに相当する．二状態間の化学ポテンシャルの差 $\mu_B - \mu_A$ は A から B へ反応が進むかどうかを表す尺度で，これが A から B の反応におけるギブズエネルギー変化（$\Delta G_{reaction}$）である（式 (2.13)）．

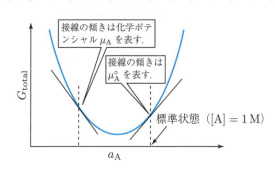

図 2.7　活量（a_A）に対する全ギブズエネルギー（G_{total}）の変化．

$$\Delta G_{\text{reaction}} = \mu_{\text{B}} - \mu_{\text{A}}$$
$$= \mu_{\text{B}}^\circ - \mu_{\text{A}}^\circ + RT\left[\ln(a_{\text{B}}) - \ln(a_{\text{A}})\right] \qquad (2.13)$$

また,標準状態における化学ポテンシャルの差 ($\mu_{\text{B}}^\circ - \mu_{\text{A}}^\circ$) を $\Delta G_{\text{reaction}}^\circ$ とすると,

$$\Delta G_{\text{reaction}}^\circ = \mu_{\text{B}}^\circ - \mu_{\text{A}}^\circ \qquad (2.14)$$

式 (2.13) は式 (2.15) で表される.

$$\Delta G_{\text{reaction}} = \Delta G_{\text{reaction}}^\circ + RT \ln\left(\frac{a_{\text{B}}}{a_{\text{A}}}\right) \qquad (2.15)$$

$\Delta G_{\text{reaction}}$ が負のとき,自発的に A から B への変換が進み,系は熱力学的により安定な状態へ移る.また,反応の進行度を ξ ($0 \leq \xi \leq 1$) で表し,B が存在しない状態を $\xi = 0$,B のみが存在する状態を $\xi = 1$ とすると,$\Delta G_{\text{reaction}}$ は式 (2.16) で表される.

$$\Delta G_{\text{reaction}} = \frac{\partial G_{\text{reaction}}}{\partial \xi} \qquad (2.16)$$

系全体のギブズエネルギー (G_{total}) の ξ に対する変化を図示すると(図 **2.8**),各点における接線の傾きはその状態における $\Delta G_{\text{reaction}}$ で,反応は G_{total} の極小値へ向かうように進み,極小値では $\Delta G_{\text{reaction}} = 0$ でこれ以上この状態から自発的に変化しない.

ここで,$\Delta G_{\text{reaction}}^\circ$ の意味を考えてみよう.式 (2.11) の平衡状態における系の全ギブズエネルギー (G_{total}) は式 (2.17) で表される.

$$G_{\text{total}} = n_{\text{A}}\mu_{\text{A}} + n_{\text{B}}\mu_{\text{B}} + n_{\text{s}}\mu_{\text{s}} \qquad (2.17)$$

また,G_{total} をモル単位で考えることにする.A および B のモル標準ギブズエネルギー ($G_{\text{A}}^\circ, G_{\text{B}}^\circ$) は,それぞれ式 (2.18),(2.19) で表される.

$$G_{\text{A}}^\circ = \mu_{\text{A}}^\circ + n_{\text{s}}\mu_{\text{s}} \qquad (2.18)$$

$$G_{\text{B}}^\circ = \mu_{\text{B}}^\circ + n_{\text{s}}\mu_{\text{s}} \qquad (2.19)$$

ここで,二つの状態で溶媒の化学ポテンシャル μ_{s} が変化しないと仮定すれば(式 (2.18), (2.19) の μ_{s} が等しいとすると),式 (2.19) から式 (2.18) を引くと,

$$\mu_{\text{B}}^\circ - \mu_{\text{A}}^\circ = \Delta G_{\text{reaction}}^\circ = G_{\text{B}}^\circ - G_{\text{A}}^\circ \qquad (2.20)$$

となる.したがって,$\Delta G_{\text{reaction}}^\circ$ は標準状態において 1 モルの A が 1 モルの B へ変換するときのエネルギー変化に相当し,A, B の固有の安定性を表している

ことがわかる．図 2.8 に見るように $\Delta G_{\text{reaction}}$ はある状態において平衡がどちらへ進むかを示す尺度であったことを考えると，$\Delta G_{\text{reaction}}^{\circ}$ は $\Delta G_{\text{reaction}}$ と本質的に異なる点に注意が必要である．

ここまで，活量を用いてきたが，実際には活量の代わりに濃度が用いられる．したがって，式 (2.15) の $\frac{a_B}{a_A}$ を A と B の濃度比 $Q = \frac{[B]}{[A]}$ で置き換えられて，式 (2.15) は式 (2.21) で表される．

$$\Delta G_{\text{reaction}} = \Delta G_{\text{reaction}}^{\circ} + RT \ln Q \tag{2.21}$$

平衡状態では $\Delta G_{\text{reaction}} = 0$ で，このときの Q は式 (2.22) に示す**平衡定数** (K_{eq}) と等しい．

$$K_{\text{eq}} = \frac{[B]}{[A]} \tag{2.22}$$

平衡状態で式 (2.21) は式 (2.23) となり，平衡がどちらへ偏るかは $\Delta G_{\text{reaction}}^{\circ}$ で決まる．

$$\Delta G_{\text{reaction}}^{\circ} = -RT \ln K_{\text{eq}} \tag{2.23}$$

A から B への反応が発熱反応であっても全ての A が B に変換するわけではない．このことは一見不思議に思えるかもしれない．ここで，発熱は反応のエンタルピーに関わる．また，系全体の安定性を考えていたことを思い出そう．このため，たとえ溶液中における A の安定性が B よりも低いからといって，全ての A が B になるわけではなく，A と B がある混合比で存在した状態が最も安定に

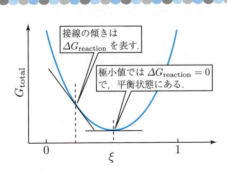

図 2.8 反応の進行度 (ξ) に対するギブズエネルギー (G_{total}) の変化．

なる．これはAとBが共存することによるエントロピーの寄与で，$\Delta G°_{\text{reaction}}$ の中には常にこのエントロピーが含まれている．そこで，AとBの混合の寄与を除いたA, Bそれぞれの純粋な安定性を議論するために，エンタルピー変化（$\Delta H°$）を使う．式 (2.1) で示したように，ギブズエネルギー変化（ΔG）はエンタルピー変化（ΔH）とエントロピー変化（ΔS）との間に $\Delta G = \Delta H - T\Delta S$ の関係があり，これを式 (2.23) に代入すると，式 (2.24) が得られる．

$$\ln K_{\text{eq}} = -\frac{\Delta H°}{RT} + \frac{\Delta S°}{R} \tag{2.24}$$

$\ln K_{\text{eq}}$ を $\frac{1}{T}$ に対してプロットし，得られる直線の傾きと切片から，それぞれ $\Delta H°$ と $\Delta S°$ が求められる．このようにして $\Delta H°$ と $\Delta S°$ を求める方法を**ファント・ホッフ解析**（van't Hoff 解析）と呼び，いくつかの温度で反応の平衡定数を求めれば，$\Delta H°$ と $\Delta S°$ を知ることができる．ただし，ファント・ホッフ解析は**定圧熱容量変化**（$\Delta C_{\text{p}}°$）が変化しない場合，すなわち $\Delta H°$ と $\Delta S°$ が温度に対して一定である場合に利用できるが，$\Delta H°$ と $\Delta S°$ が変化する場合，直線プロットは得られない．より正確に熱力学パラメーターを求めるには**等温滴定カロリメトリー**（Isothermal Titration Calorimetry : ITC）などを行う必要がある（4.4.9項）．

本章では，溶媒の特性と分子認識や自己集合における役割を考えた．分子認識や自己集合を考える際に，溶質–溶質間の相互作用だけでなく，溶質–溶媒間の相互作用（溶媒和）や溶媒–溶媒間の相互作用も重要である．さらに，溶液中における平衡に対する熱力学的な解釈も行った．化学平衡がどのように進むかはギブズエネルギー変化で決まる．次章以降では，時折，ギブズエネルギー変化やエンタルピー変化およびエントロピー変化も交えて，分子間相互作用や自己集合を考える．

演習問題

2.1 図 **2.1**(b) は

$$\text{A·S} + \text{A·S} \rightleftarrows \text{A·A} + \text{S·S}$$

と表現できる．ここで，Sは溶媒分子である．この式の平衡が右に偏り A·A を優先して生成するための条件を述べよ．

第3章

分子間相互作用

　本章では，分子認識や自己組織化を司る分子間にはたらく相互作用を解説する．さまざまな分子間相互作用を考えるが，これらの強さ（安定性の大きさ）は原子間もしくは分子間の距離（r）で分類され，r^{-n}（n は 1 から 6）で表される．また，分子間相互作用ではないが，疎溶媒効果も水中における分子認識や自己集合で重要なため，本章で取り扱う．

3.1 イオンが関わる相互作用

イオンが他のイオンや分子と相互作用するとき，(1) イオン–イオン間，(2) イオン–永久双極子間，(3) イオン–誘起双極子間の三種類の相互作用に分類される．

3.1.1 イオン–イオン間の相互作用（静電相互作用）

正電荷をもつイオンと負電荷をもつイオンはクーロン力により互いに引き付け合う．$z_1\mathrm{e}$ と $z_2\mathrm{e}$ の電荷間にはたらく**静電相互作用**（electrostatic interaction）のエネルギーは 2.4.2 項で説明した通り（式 (2.4)），式 (3.1) で表される．

$$U(r) = \frac{z_1 z_2 \mathrm{e}^2}{4\pi\varepsilon r} \tag{3.1}$$

ε は電荷が存在する媒質の誘電率で，ε が小さいほど強いクーロン力がはたらく．事実，気相中におけるイオン間の相互作用は $100\,[\mathrm{kcal\,mol^{-1}}]$ ととても大きいが，誘電率の大きな水中では弱い．水中におけるイオンの分子認識については 4.4 節で取り扱う．

3.1.2 イオン–永久双極子相互作用

図 3.1 に示すように電荷 $z\mathrm{e}$ と双極子モーメント $\mu = ql$ をもつ永久双極子の間にはたらく相互作用（**イオン–永久双極子相互作用**（ion-dipole interaction））のエネルギー $U(r)$ は式 (3.2) で表される．

$$U(r) = -\frac{ze\mu\cos\theta}{4\pi\varepsilon}\frac{1}{r^2} \tag{3.2}$$

ここで，電荷と双極子間の距離 r は l よりも十分に長い．

水はイオンをよく溶かす溶媒である．これは水分子がイオン性の分子と強く相互作用するためである．水の構造や性質については 3.5 節で扱うが，ここではイオン性分子の**水和**について考えよう．水分子は酸素原子上に負電荷を，水素原子上に正電荷をもつ構造で双極子をもつため，イオンとの間に静電相互作用およびイオン–永久双極子相互作用がはたらく．また，水分子は分子間で水素結合を介して繋がっておりネットワークを形成している．陽イオンの水和の様子は，図 3.2 に示すように，負電荷をもつ酸素原子を陽イオンに向けて接して

おり，静電相互作用がはたらいている．陽イオンが金属イオンである場合，水和は配位結合である．一方，陰イオン（X^-）に対する水和では，正電荷をもつ水分子の水素原子と陰イオンの間で，$HO—H^{\delta+}\cdots X^{\delta-}$という静電相互作用がはたらき，これは水素結合である．3.4節で水素結合を取り扱うが，水素結合は主に静電相互作用と考えることができる．陰イオンは電荷をもつため，陰イオンの水和における水素結合は中性分子間の水素結合に比べ強い．

このように陽イオン，陰イオンの水和はいずれも静電相互作用として考えることができる．これらの水和によるエネルギー変化は**ボルンの式**として知られている．球状のイオンに対して，水和のエンタルピー変化（ΔH）およびエントロピー変化（ΔS）は，それぞれ式 (3.3), (3.4) で表される．

$$\Delta H_{298\,\mathrm{K}} = \frac{-165z^2}{r} \ [\mathrm{kcal\ mol^{-1}}] \tag{3.3}$$

$$T\Delta S_{298\,\mathrm{K}} = \frac{-2.8z^2}{r} \ [\mathrm{kcal\ mol^{-1}}] \tag{3.4}$$

ここで，r はイオンの直径（Å）で z はイオンの価数である．

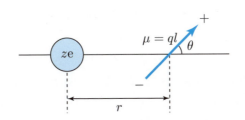

図 3.1 イオン−双極子相互作用．

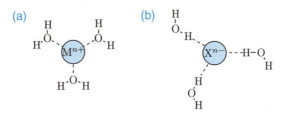

図 3.2 **(a)** 陽イオンに対する水和の模式図．**(b)** 陰イオンに対する水和の模式図．

3.1.3 イオン–誘起双極子相互作用

　最後に，イオンと無極性分子との相互作用を考えよう．無極性の原子や分子を電場に置くと応答し，原子や分子内の電子分布に偏りが生じる．これを**分極**（polarization）と呼ぶ（図 **3.3**）．分極により，正電荷と負電荷が発生すると，双極子がつくられる．これが**誘起双極子**（induced dipole）である．電場 E 中で発生する誘起双極子モーメントの大きさ（誘起双極子モーメント，μ）は式(3.5)で表される．

$$\mu = \alpha E \tag{3.5}$$

ここで，α は**分極率**（polarizability）でその分子の電場に対する応答のしやすさを表し，分極率の高い原子，分子ほど大きな誘起双極子が発生する．分極率の高い原子や分子とはどのようなものだろうか．原子の中心には正電荷をもつ原子核があり，その周りに電子が存在する．原子を電場中に置くと，電子の分布が不均一になり誘起双極子が発生する．核電荷と電子の間にはクーロン力がはたらいており，最外殻の電子（価電子）については，内側の電子が核電荷を遮蔽しているために，本来核がもつ電荷よりも小さな電荷の影響しか受けない．実際に電子が影響を受ける核電荷を**有効核電荷**（effective charge，Z_{eff}）と呼び，その大きさは式(3.6)で表される．

$$Z_{\text{eff}} = Z - S \tag{3.6}$$

ここで，Z は原子の核電荷，S は遮蔽定数で，S の大きさは着目する電子（すなわち Z_{eff} を求めようとしている電子）と同じ軌道とそれよりも内側の軌道に存在する電子から決まり，S を決定する方法としてスレーター則がある．通常，周期表で下へ行くほど，最外殻電子が核電荷から受ける影響は弱まり（すなわち遮蔽定数が大きく），分極しやすい．同様に，分子も外部電場に応答して分極する．炭素–炭素多重結合をもつ有機化合物は，π電子に由来して分極率が高い．表 **3.1** にいくつかの原子，分子の分極率を示すが，確かに炭素–炭素二重結合をもつベンゼンの分極率は高い．また，分極率の高い原子や分子は柔らかい（ソフトな）原子，分子とも呼ばれる．一方，分極しにくい原子，分子のことを硬い（ハードな）原子，分子と呼ぶ．表 **3.2** に硬いイオンと柔らかいイオンの例を示す．イオン間の相互作用では，柔らかいカチオン（アニオン）は柔らかいアニオン（カチオン）と結合しやすいという性質があり（同様に硬いカチオ

ン（アニオン）は硬いアニオン（カチオン）と結合しやすい），原子や分子をその硬さで分類する意義がある．このように化学結合を原子の硬さに基づいて捉える概念を Hard and Soft Acids and Bases Theory（**HSAB 理論**）と呼ぶ．電荷 ze のイオンの周りには式 (3.7) に示す電場 E が発生する．

$$E = -\frac{ze}{4\pi\varepsilon r^2} \tag{3.7}$$

また，イオンの近くに無極性分子を置くと，イオンのつくる電場の影響を受けて分子が分極し，誘起双極子 μ を発生する．この誘起双極子とイオン間にはた

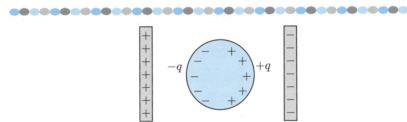

図 **3.3** 電場に対して物質が分極する様子の模式図．

表 **3.1** 原子と分子の分極率．

原子・分子	分極率 (10^{-25} cm^3)	原子・分子	分極率 (10^{-25} cm^3)	原子・分子	分極率 (10^{-25} cm^3)
Ne	4.0	HF	24.6	CH$_4$	26.0
Ar	16.4	HCl	26.3	CH$_2$=CH$_2$	42.6
Kr	24.8	HBr	36.3	アセチレン	33.3
H$_2$	7.9	H$_2$O	14.7	C$_6$H$_6$	103.2
O$_2$	16.0	NH$_3$	22.6	CH$_3$OH	32.3

表 **3.2** 酸・塩基の硬さによる分類（斜字体はその元素の硬さを示す）．

	硬い	中間	柔らかい
酸	H$^+$, Li$^+$, Na$^+$, K$^+$, Be^{2+}, Mg^{2+}, Ca^{2+}, Cr^{2+}, Cr^{3+}, Al^{3+}, SO$_3$, BF$_3$	Fe^{2+}, Co^{2+}, Ni^{2+}, Cu^{2+}, Zn^{2+}, Pb^{2+}, SO$_2$, BBr$_3$	Cu$^+$, Au$^+$, Ag$^+$, Tl$^+$, Hg$^+$, Pd^{2+}, Cd^{2+}, Pt^{2+}, Hg^{2+}, BH$_3$
塩基	F$^-$, OH$^-$, H$_2$O, NH$_3$, CO$_3^{2-}$, NO^{2-}, O^{2-}, SO$_4^{2-}$, PO$_4^{3-}$, ClO$_4^-$	NO$_2^-$, SO$_3^{2-}$, Br$^-$, N$_3^-$, N$_2$, C$_6$H$_5$N, SCN^-	H$^-$, R$^-$（アルキル）, CN^-, CO, I$^-$, SCN^-, R$_3$P, C$_6$H$_6$, R$_2$$S$

らく相互作用が**イオン–誘起双極子相互作用**（ion-induced dipole interaction）で，そのエネルギー（$U(r)$）は式 (3.8) で表される．

$$U(r) = -\frac{(ze)^2 \alpha}{2(4\pi\varepsilon)^2} \frac{1}{r^4} \tag{3.8}$$

表 3.3 に分子間相互作用と距離の関係をまとめた．イオン間にはたらく相互作用のエネルギーは r^{-1} に比例するため，ここで見た三つの相互作用の中で（また，全ての分子間相互作用の中で）最も遠方まで及び，最も強い力である．

3.2 ファン・デル・ワールス力

これまで，イオンが関わる分子間相互作用を考えてきたが，中性分子間にも引力相互作用がはたらく．2.4.1 項で正電荷と負電荷が離れて位置すると永久双極子（双極子）が発生することを学んだ．**ファン・デル・ワールス力**（van der Waals force：vdW 力）は双極子間の相互作用で (1) 双極子–双極子間（配向力），(2) 双極子–誘起双極子間（誘起力），(3) 誘起双極子–誘起双極子間（分散力）の三種類の相互作用を合わせたものであるが，主に分散力である．

3.2.1 双極子–双極子相互作用（配向力）

二つの双極子間にはたらく相互作用を**配向力**（orientation force）と呼ぶ．二つの双極子が図 3.4(a) に示す位置関係にあるとき，その相互作用のエネルギー（$U(r)$）は式 (3.9) で表される．

$$U(r) = -\frac{\mu_1 \mu_2}{4\pi\varepsilon} \frac{1}{r^3} (2\cos\theta_1 \cos\theta_2 - \sin\theta_1 \sin\theta_2 \cos\phi) \tag{3.9}$$

式 (3.9) は双極子–双極子相互作用を表す一般式だが，二つの双極子が同一平面にある場合（$\phi = 0°$）を考えよう（図 3.4(b)）．すなわち，式 (3.9) は

$$U(r) = -\frac{\mu_1 \mu_2}{4\pi\varepsilon} \frac{1}{r^3} (2\cos\theta_1 \cos\theta_2 - \sin\theta_1 \sin\theta_2) \tag{3.10}$$

となる．式 (3.10) を使って，さらにいくつか特別な場合を考える．まず，二つの双極子が同一方向に一直線上に並ぶと（$\theta_1 = \theta_2 = 0°$，図 3.4(c)），相互作用のエネルギーは式 (3.11) となり，このとき最大の相互作用が得られる．

$$U(r) = -\frac{\mu_1 \mu_2}{2\pi\varepsilon} \frac{1}{r^3} \tag{3.11}$$

一方,図 **3.4**(d) に示すように二つの双極子が反平行に位置すると ($\theta_1 = 90°, \theta_2 = 270°$),相互作用エネルギーは

$$U(r) = -\frac{\mu_1 \mu_2}{4\pi\varepsilon}\frac{1}{r^3} \tag{3.12}$$

となり,これが次に安定な配向である.

最後に二つの双極子が直交すると ($\theta_1 = 90°, \theta_2 = 0°$,図 **3.4**(e)),$U(r) = 0$ となって相互作用ははたらかない.

また,もう一つの特別な例として $\theta_1 = \theta_2 = \theta$ の場合を考えよう.このとき式 (3.10) は式 (3.13) となる.

$$U(r) = -\frac{\mu_1 \mu_2}{4\pi\varepsilon}\frac{1}{r^3}(3\cos^2\theta - 1) \tag{3.13}$$

したがって,$3\cos^2\theta - 1$ が負のとき $U(r)$ が正となり不安定化する.すなわち θ が 54.7° よりも大きくなると双極子間に斥力がはたらく.また,$\theta = 54.7°$ の

表 **3.3** 分子間相互作用の安定化の距離 (r) の依存性.

	イオン	双極子	誘起双極子
イオン	r^{-1}	r^{-2}	r^{-4}
双極子		r^{-3}	r^{-6}
誘起双極子			r^{-6}

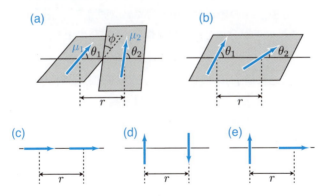

図 **3.4** 双極子–双極子相互作用. **(a)** θ_1, θ_2, ϕ の定義,**(b)** 二つの双極子が同一平面上にある場合,**(c)** 二つの双極子が同一軸上に同じ向きにある場合,**(d)** 二つの双極子が反平行にある場合,**(e)** 二つの双極子が垂直にある場合.

とき $3\cos^2\theta - 1 = 0$ となり，相互作用のエネルギーはゼロである．

次に気相や溶液中における双極子–双極子相互作用を考えよう．気相や溶液中では，各分子は自由に回転できるため，二つの双極子はさまざまな配向の間で**熱分布（ボルツマン分布）** している．このとき二つの双極子間にはたらく相互作用のエネルギーは式 (3.14) で表される．

$$U(r) = -\frac{\mu_1^2 \mu_2^2}{3(4\pi\varepsilon)^2} \frac{1}{k_\mathrm{B}T} \frac{1}{r^6} \tag{3.14}$$

ここで，k_B はボルツマン定数（1.3807×10^{-23} [J K^{-1}]），T は絶対温度である．したがって，気相や溶液中における配向力は温度に依存し，温度が高いほどエネルギーは小さい．また，双極子の中心間距離 r の 6 乗に反比例するため（表 3.3），距離依存性がとても高く，近距離のみで有効な相互作用である．

3.2.2 双極子–誘起双極子相互作用（誘起力）

つづいて，双極子と無極性分子間の相互作用を考えよう．イオン–誘起双極子相互作用では，イオンの電荷がつくる電場に対して無極性分子が分極したが，同様に，双極子の周りにも電場 E が発生し，その大きさは式 (3.15) で表される．

$$E = \frac{-\mu_1(1+3\cos^2\theta)^{\frac{1}{2}}}{4\pi\varepsilon r^3} \tag{3.15}$$

ここで，μ_1 は永久双極子の双極子モーメント，ε は媒質の誘電率である．双極子 μ_1 の近くに分極率 α の無極性分子を置くと（図 3.5），μ_1 のつくる電場 E に応答して無極性分子が分極し，誘起双極子 μ_2 が発生する．

$$\mu_2 = \alpha E \tag{3.16}$$

双極子 μ_1 と誘起双極子 μ_2 の相互作用が**双極子–誘起双極子相互作用（誘起力：induction force）** で，そのエネルギーは双極子 μ_1 がつくる電場 E と無極性分子の分極率 α を用いて式 (3.17) で表される．

$$U = -\frac{\alpha E^2}{2} \tag{3.17}$$

ここで E に式 (3.15) を代入すると，式 (3.18) が得られる．

$$U(r) = -\frac{\mu_1^2 \alpha}{2(4\pi\varepsilon)^2} \frac{1}{r^6}(1+3\cos^2\theta) \tag{3.18}$$

誘起力では，永久双極子と引力的な相互作用がはたらくように，誘起双極子が発生するため，配向力と異なり，どのような θ に対しても不安定化することはない．誘起力も配向力と同様，相互作用が弱いため，気相や溶液中では，分子

間の相対配置は自由であることが多い．このような場合，θは任意の値を取れて，$\cos^2\theta$として空間的な平均値である$\frac{1}{3}$を用いると，式 (3.19) が得られる．

$$U(r) = -\frac{\mu_1{}^2 \alpha}{(4\pi\varepsilon)^2}\frac{1}{r^6} \qquad (3.19)$$

また式 (3.18) からわかるように，誘起力は配向力と異なり，温度に依存しない．

3.2.3 誘起双極子–誘起双極子相互作用（分散力）

最後に無極性分子間にはたらく相互作用を考えよう．無極性分子は極性分子に見られるような電子の偏りはないが，瞬間的に電子の偏りが生じ，時間とともに変化するため，時間平均を取るとゼロである．しかし，この瞬間的に発生する電子の偏りによって誘起双極子（μ_1）が発生する．この誘起双極子は周囲に電場をつくり，近くにある別の無極性分子を分極させ，誘起双極子モーメント（μ_2）を誘起する（図 **3.6**）．これらの誘起双極子間に引力的な相互作用がはたらき，これが**誘起双極子–誘起双極子相互作用**（**分散力**：dispersion force）である．無極性分子内の双極子の向きは常に変化するが，その周囲にある無極性分子に発生する誘起双極子ははじめにつくられる誘起双極子に追随するよう

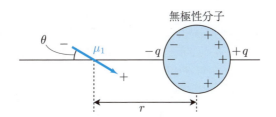

図 **3.5** 双極子–誘起双極子相互作用．

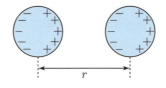

図 **3.6** 誘起双極子–誘起双極子相互作用．

に発生するため，時間平均を取っても誘起双極子-誘起双極子相互作用がゼロになることはない．電子が球対称に分布した二つの物質（原子）間にはたらく分散力は式 (3.20) で表される．

$$U(r) = -\frac{3}{2}\frac{\alpha_i \alpha_j}{(4\pi\varepsilon)^2}\frac{I_i I_j}{I_i + I_j}\frac{1}{r^6} \quad (3.20)$$

ここで，α_i, α_j は二つの物質 i, j の分極率，I_i, I_j は物質 i, j のイオン化ポテンシャル，r は物質間の距離，ε は媒体の誘電率である．また，スレーター–カークウッド（Slater-Kirkwood）による式 (3.21), (3.22) を使って表すこともある．

$$U(r) = \frac{B_{ij}}{r_{ij}^6} \quad (3.21)$$

$$B_{ij} = c\frac{\alpha_i \alpha_j}{\sqrt{\frac{\alpha_i}{N_i}} + \sqrt{\frac{\alpha_j}{N_j}}} \quad (3.22)$$

ここで，N_i, N_j は原子 i, j の価電子数である．これらの式は分子が球対称である場合に成り立つが，実際には球対称でない場合についても，近似的に使われる．ロンドン（London）により式 (3.20) が導かれたことにちなんで，誘起双極子-誘起双極子相互作用のことを**ロンドン力**と呼ぶこともある．式 (3.20), (3.21) から分散力は分極率の高い原子，分子間で強いと予想される．表 3.4 にいくつかの元素について B_{ij} を示した．すでに見たように（3.1.3 項），周期表の下にある元素は分極率が高い．一方，これらの元素は原子半径が大きいため，相互作用の距離 r が大きくなり，分散力が r^{-6} 乗に比例することを考えると，不利にはたらく．結果的に，これら二つの寄与が相殺し，分散力は元素によってあまり変わらない．ただし，芳香族をはじめとする π 電子をもつ分子は分極率が高く，分散力が有効にはたらきやすい．

vdW 力に関わる三つの分子間相互作用は式 (3.14), (3.18)（もしくは (3.19)），(3.20)（もしくは (3.21)）に示すように，全て r^{-6} に依存する．分子間相互作用の強さは r^{-n} によって分類できることを説明したが（表 3.3），これらの中でも，vdW 力は近距離でのみ有効にはたらく最も弱い相互作用である．ただし，このように vdW 力が弱い相互作用だからと言って，無視できるわけではなく，広い面積で密に接触すると，とても大きな力を発揮する．

生物の中には vdW 力を巧みに利用しているものがいる．ヤモリは壁を自由に這うことができるが，これはヤモリの足にナノメートルサイズの細かい毛が

生えており，壁の表面との間に大きなvdW力がはたらいているためである．ヤモリの手を顕微鏡で調べると，跡下薄板と呼ばれる器官があり，ナノメートルサイズの細かい毛が束になって，太い毛の塊（剛毛）が集まっている．壁やガラスなど，目で見ると平らに見える物質も分子レベルではかなりザラザラで，分子表面はとても粗い．vdW力は物質が近距離で接するときにとても大きな力となるので，これらの粗い分子表面に対してヤモリの足の毛がフィットすれば，それだけ強い vdW 力を得ることができる．これを達成するために，ナノメートルサイズの毛が有効にはたらくのである．実際，シリコン基盤上にポリエチレンをパターン化して重合し，人工的にヤモリの毛と似た構造をつくると，同じように接着性の強い表面をつくることができる．また，その強さは，束の大きさや毛の長さに依存して変化し，組合せによっては，ヤモリ以上に強力な力を発揮する物質もつくれることが確認されている．したがって，ヤモリは壁などの上を自由に動けるように，最適な毛を進化させたに違いない．また，強い引力が得られれば，それだけ剥がれにくいことを意味し，動きが鈍くなると考えられるが，その点においても，vdW力に基づくナノメートルサイズの毛は効果的なようである．人工的に毛の構造をつくった表面をいろいろな角度から引っ張り，剥がれやすさを調べたところ，真横からの引っ張り（$\theta = 0°$）に対してはとても強い一方，斜めからの引っ張りに対しては比較的弱い力で剥がせることがわかった．このように粘着物を使うことなく，物質表面を強力にくっつけることができるため，vdW 力を利用した新材料の開発が関心を集めている．

表 3.4 さまざまな元素の相対的な B_{ij}（炭素–炭素の $B_{ij} = 1$）．

	C	N	O	F	P	S	Cl
C	1.0	0.7	0.6	0.4	1.8	1.6	1.3
N	0.7	0.6	0.5	0.4	1.3	1.2	1.0
O	0.6	0.5	0.4	0.3	1.0	0.9	0.8
F	0.4	0.4	0.3	0.2	0.8	0.7	0.6
P	1.8	1.3	1.0	0.8	3.3	2.9	2.4
S	1.6	1.2	0.9	0.7	2.9	2.6	2.2
Cl	1.3	1.0	0.8	0.6	2.4	2.2	1.8

3.2.4 斥力

vdW 力は r^{-6} に比例するため，近づけば近づくほど安定化することになるが，実際には原子半径より近づくと核間の反発（**交換斥力**）が発生し，不安定化する．この不安定化の距離依存性は r^{-9} から r^{-12} 程で，これまで見てきた分子間相互作用のように，はっきりしていない．そこで計算の簡便さから r^{-12} が用いられることが多い．斥力を表すポテンシャルについては，この他に指数関数形を使ったものがあり，これは原子の波動関数が距離の大きなところで指数関数的に減衰することと，原子が近づいたときの波動関数の重なりも指数関数の方がより正確に表現できるためである．ここでは，よく用いられる r^{-12} のポテンシャルを用いる．この反発の寄与を加えると，全相互作用エネルギー（ポテンシャルエネルギー，$U(r)$）は式 (3.23) で表され，これを**レナード–ジョーンズポテンシャル**（Lennard-Jones potential）と呼ぶ．

$$U(r) = -\frac{a}{r^6} + \frac{b}{r^{12}} \tag{3.23}$$

ここで，a, b は正の定数である．式 (3.23) に基づいて図示したポテンシャルを見ると（**図 3.7**），分子（原子）が近づくと，距離 r_e でポテンシャルエネルギーが最小になる点を迎え，さらに近づくとエネルギーが上昇し，距離 r_0 で引力と斥力が釣り合うところ（$U(r) = 0$）に至る．式 (3.23) を r で微分することで r_e を，また $U(r_0) = 0$ から r_0 が求まり，それぞれ式 (3.24), (3.25) で表される．

$$r_\mathrm{e} = \left(\frac{2b}{a}\right)^{\frac{1}{6}} \tag{3.24} \qquad r_0 = \left(\frac{b}{a}\right)^{\frac{1}{6}} \tag{3.25}$$

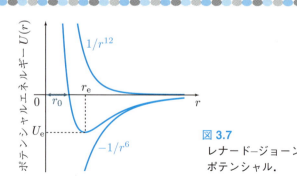

図 3.7 レナード–ジョーンズポテンシャル．

3.3 芳香環が関わる相互作用

つづいて，ベンゼンに代表される芳香環同士の相互作用を考えよう．ベンゼンの分子表面の静電ポテンシャルを調べると，ベンゼン環の上下には負電荷が分布し，水素が結合した環の周囲には正電荷が分布している（図 3.8(a)）．したがって，ベンゼンには正電荷と負電荷が存在するが，双極子はゼロである．しかし，ベンゼンには**四極子**（quadrupole）と呼ばれる多極子が存在する．四極子とは正，負二つずつの電荷を双極子が発生しないように配置するとできる（図 3.8(b)）．ベンゼンはそのうちの一つの配置の仕方である．正，負四つずつ，合計八つの電荷から双極子も四極子もできないように配置すると，**八極子**（octupole）が発生する．例えば四面体の中心に +4 の正電荷を置き，四面体の各頂点に負電荷（−）を置く場合で，四塩化炭素（CCl_4）はその一例である（図 3.8(c)）．

3.3.1 slip stack と edge-to-face 相互作用

芳香環−芳香環の相互作用の一つの配向として芳香環同士が重なった構造があり，よく π-スタックと呼ばれる．この表現から芳香環の π 電子同士の相互作用を連想させるが，ベンゼン環の上下には負電荷があり，これらが上下にぴっ

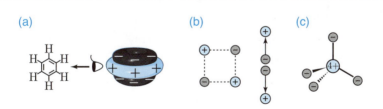

図 3.8 **(a)** ベンゼンの静電ポテンシャル表面の模式図．ベンゼンには電荷分布があるが，双極子は打ち消しあってゼロである．**(b)** 正と負の電荷をそれぞれ二つずつ，双極子がゼロになるように配置すると四極子となる．**(c)** 正と負の電荷をそれぞれ四つずつ，双極子も四極子もゼロになるように配置すると八極子になる．

たりと重なり合うと静電反発がはたらき不安定化する．ベンゼンの静電ポテンシャル表面を見ると，芳香環のエッジ部（水素がある部分）は正に帯電しており，ここが芳香環の上に乗るようにすれば，静電相互作用が有利にはたらき安定化する．事実，ベンゼンの結晶構造はこのような面とエッジの相互作用からなるヘリンボーン型を取る．このような相互作用を **T 字型**（T-shape）もしくは **edge-to-face 相互作用**と呼ぶ（図 **3.9(a)**）．一方，芳香環の面同士が重なった構造もあるが，その場合，二つのベンゼン環が完全に重なると（図 **3.9(c)**），芳香環上の負電荷間の反発が起こるためこれを抑えるように，二つの芳香環が少しずれて重なり合った構造を取り，これを **slip stack** と呼ぶ（図 **3.9(b)**）．気相中で二つのベンゼン環が slip stack すると，-2 [kcal mol^{-1}] ほど安定化する．ベンゼンの静電ポテンシャル表面に見るように，芳香環上には通常負電荷が分布しているので，決して静電的に有利ではない．最近の多くの理論研究から，この配向が有利である理由は芳香環同士にはたらく分散力であると考えられている．ベンゼン環が縮環し，エッジに対して π 平面の面積が増すと slip stack の配向が有利になる．

古くから芳香環に導入する置換基によって，slip stack の相互作用がどのように変わるのかという置換基効果に高い興味がもたれてきた．これはベンゼン誘導体の求電子置換反応において，ベンゼン環に導入する置換基によって反応速度や導入される置換基の位置（配向性）が変わるという実験結果から期待されたものだろう．例えば，X という置換基を導入した一置換ベンゼン（A）に対する求電子剤（E$^+$）を用いた求電子置換反応の配向性は，X が **電子求引性基**（Electron Withdrawing Group：EWG）か，**電子供与性基**（Electron Donating Group：EDG）かで変わる．このような置換基効果から，直観的にベンゼン環に電子求引性基を導入した分子と電子供与性基を導入した分子間により強い安定化が起こるように期待されるが，必ずしもそうなるわけではない．実際，ベンゼンの一つの水素を電子供与性のメチル基に置き換えても，ベンゼン環の静電ポテンシャルに大きな変化は見られない．一方，求電子置換反応では，メチル基を導入することで反応性や配向性が変化する．これは両者において考えるべき状態が異なるためである．求電子置換反応における配向性は，A と E$^+$ が反応して生成するカルボカチオン中間体（B$^+$）の安定性の違いから説明される（図 **3.10(a)**）．置換基の導入位置に関して複数の可能性がある場合，それ

ぞれの反応の選択性を議論するには，それぞれの反応の活性化エネルギーを比べる必要があり，これらの遷移状態に関する情報が必要である．しかし，遷移状態を実験的に観測できないので，原系，生成系に比べその性質を知ることが難しい．そこで**ハモンドの仮説**という考え方に基づき遷移状態を考えよう（図3.10(b)）．ここで，原系（$C_6H_6+E^+$）より，カルボカチオン中間体（B^+）の

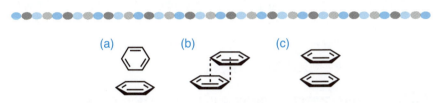

図 3.9 **(a)** 芳香環の edge-to-face 相互作用．**(b)** 芳香環の slip stack 相互作用．**(c)** 芳香環の stack 相互作用．

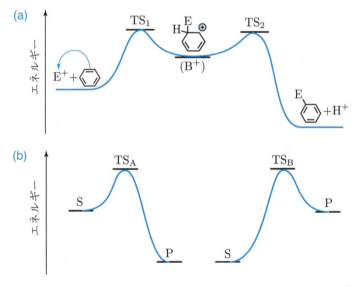

図 3.10 **(a)** ベンゼンに対する求電子置換反応．カルボカチオン中間体（B^+）を経て反応が進行する．**(b)** ハモンドの仮説．遷移状態は基質（S）と生成物（P）のうち，よりエネルギーの近い方に似ており，TS_A は基質に，TS_B は生成物に近い．

方が不安定である．このとき，反応の遷移状態は原系に比べ生成系（ここでは B^+）とエネルギー的に近いため，その性質も生成系により近いと推測できる．

これがハモンドの仮説で，あらゆる反応に対して利用できる便利な考え方である．したがって，求電子置換反応の場合，遷移状態の性質は B^+ に近いので，両反応経路におけるそれぞれの B^+ の安定性がそのまま遷移状態の安定性の違いに反映する．一方，slip stack における芳香環相互作用では，二つの芳香環の間に電子の授受はなく，反応で言えば極々初期の段階を議論していることと等しく，原系の性質が安定性を支配する．そのため各芳香環の静電ポテンシャルが重要で，置換基効果は求電子置換反応で見られるほど大きくない．

3.3.2 弱い分子間相互作用のエネルギーを実験的に見積もる方法

ここで，分子間相互作用のエネルギーを求める方法を考えよう．芳香族化合物，X, Y が芳香環–芳香環相互作用により X·Y 複合体を形成する場合（式 (3.26)），結合定数を求めれば，芳香環相互作用の強さを知ることができる．

$$X + Y \rightleftarrows X \cdot Y \tag{3.26}$$

しかし，芳香環同士の相互作用は数 kJ mol^{-1} と弱く，小さな芳香族分子同士を混ぜてもほとんど複合体を形成しない．また，X·X, Y·Y 複合体の形成の可能性もあり，X·Y 複合体の安定化エネルギーを求めることはとても難しい．これらの問題を解決し，弱い分子間相互作用を調べる方法が開発されている．そこで，芳香環の slip stack および edge-to-face 相互作用を例に，これらを紹介しよう．

(1) double-mutant cycle

一つのベンゼン環同士の相互作用のみでは，会合力として弱すぎるので，主に水素結合により複合体を形成する A·B 複合体を利用し，これに芳香環の相互作用も加えて複合体を形成させる（図 **3.11**）．このような安定な複合体であれば，A·B 複合体の結合定数（また，結合定数から ΔG_1）を求めることができる．また，A と B には相補的に相互作用できる部位が導入されているので正確な空間配置を保って複合体を形成できる．この相互作用に加えて，芳香環相互作用が複合体の安定化にわずかながら寄与し，これが我々の知りたいエネルギーである．そこで A·B 複合体のエネルギー（ΔG_1）から芳香環相互作用以外の分

子間相互作用を差し引けば，芳香環相互作用が得られる．そのため，Aにあるベンゼン環を小さな置換基（X）に置き換えたA′を用い，A′·Bの安定化エネルギー（ΔG_2）を ΔG_1 から差し引き，$\Delta G_1 - \Delta G_2$ を芳香環相互作用とすれば良いように思えるが，そう単純ではない．ベンゼン環をXに置き変えたことで，A′とBの間の分子間相互作用に変化をもたらしてしまうためである．

この問題を解決するために **double-mutant cycle** という手法が用いられる．具体的に利用される分子は図 **3.12** に示す化合物（A, A′, B, B′）で，複合体は複数の水素結合を介して形成されている．Aのベンゼン環をメチル基に代えることで，AとBの間の芳香環相互作用がなくなる．だが，カルボニルに結合していた芳香環がメチル基に代わったことで，水素結合の形成力が変化するため，$\Delta G_1 - \Delta G_2$ にその分の寄与も組み込まれている．そこで，正確に芳香環相互作用を見積もるためには，$\Delta G_1 - \Delta G_2$ から置き換えた置換基の効果を差し引く必要がある．そこで，Bの芳香環をアルキル鎖に置き換えたB′を用い，A·B′（ΔG_3）とA′·B′（ΔG_4）を比較する．ここで，$\Delta G_3 - \Delta G_4$ はAの芳香

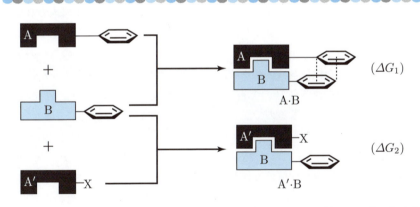

図 **3.11** 芳香環相互作用などの弱い相互作用を見積もるために，他のより強い相互作用を利用する．**A·B** は芳香環相互作用以外の分子間相互作用により結合しており，これに芳香環相互作用が加わっている．ここから芳香環相互作用の寄与を見積もるには，芳香環をもたない **A′** を用意すれば良いが，ベンゼン環を置換基 X に置き換えたことで，**A** と **B** の間の分子間相互作用の強さが変わるので，芳香環相互作用は単純に $\Delta G_1 - \Delta G_2$ とはならない．

環をメチル基に置き換えたことによる水素結合へ及ぼす寄与に相当する．このため，A·B複合体の芳香環相互作用の自由エネルギー変化（$\Delta\Delta G$）は式(3.27)で表される．

$$\Delta\Delta G = (\Delta G_1 - \Delta G_2) - (\Delta G_3 - \Delta G_4)$$
$$= \Delta G_1 - \Delta G_2 - \Delta G_3 + \Delta G_4 \qquad (3.27)$$

double-mutant cycle を用いると，1 kJ mol^{-1} 程度の弱い相互作用のエネルギーも見積もることができる．

　Bの芳香環の置換基（Y）を変えることで，Bの芳香環の静電ポテンシャルを変化させ，芳香環相互作用にどのような影響を及ぼすか調べたところ，Aの芳香環が2,6-ジメチルフェニル基の場合，Yに電子求引性の置換基を導入し，Bの芳香環の電子密度を下げると，芳香環相互作用が強くなることがわかった（図3.13）．これは電子求引性の置換基Yを導入したことで，slip stack した芳香環同士の静電反発が弱められたためである．また，Xをペンタフロオロフェニル基（C_6F_5）にすると，逆の傾向を示し，Yに電子供与性の置換基を導入し，Aの芳香環の静電ポテンシャルが負に大きくなるほど，芳香環相互作用が強くなる．これはベンゼン環に五つの電子求引性のフッ素原子が導入されたことで，芳香環の電子密度が低下し，静電ポテンシャルが正になり，電子豊富な芳香環と静電相互作用がはたらくためである（3.3.3項参照）．この二つの例では，Aに導入した置換基（メチル基，フッ素）上の静電ポテンシャルがほぼ中性で，これらの置換基とBの芳香環との間の静電相互作用が弱く，置換基−芳香環相互作用を無視できるので，芳香環−芳香環相互作用を評価できる．

　一方，Xに2,6-ジフルオロフェニル基を導入すると，芳香環相互作用はYによらずほぼ一定である．これは2,6-ジフルオロフェニル基の静電ポテンシャルが中性なため，静電相互作用の寄与がほとんどはたらかないためである．芳香環の静電ポテンシャルが小さいと，slip stack 相互作用は主に分散力のみである．

3.3 芳香環が関わる相互作用

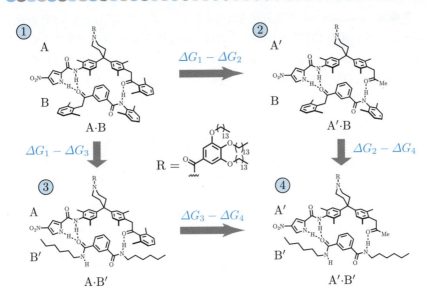

図 3.12 double-mutant cycle の模式図．基本となる分子 **A**, **B** にそれぞれ変異を及ぼした分子 **A′**, **B′** を用いることで，**A·B** にある弱い分子間相互作用を見積もることができる．

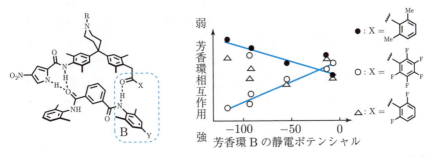

図 3.13 芳香環の静電ポテンシャルと slip stack 相互作用における芳香環上の置換基効果．芳香環上の静電ポテンシャルが負である **2,6-ジメチルフェニル基**では，相手の芳香環の負の静電ポテンシャルが小さくなるほど，相互作用が強くなる．一方，正の静電ポテンシャルをもつペンタフルオロフェニル基では，逆の傾向を示す．また，静電ポテンシャルが中性の **2,6-ジフルオロフェニル基**では，相手の芳香環の静電ポテンシャルによらず，同程度の相互作用を示す．

(2) molecular torsion balance

芳香環の edge-to-face 相互作用を調べる方法として，ウィルコックス（Wilcox）はトレーガー塩基（Tröger base）と呼ばれる骨格をもとに図 3.14 に示す分子を開発した．この分子には二つのコンフォメーションがあり，II には芳香環の edge-to-face 相互作用が存在するが，I にはない．また，I と II の間の相互変換のエネルギー障壁は 18 kcal mol^{-1} と高く，交換速度が遅いために，I と II の存在率は分光学的手法（NMR）で調べることができる．両コンフォメーション間のエネルギー差が edge-to-face 相互作用のエネルギーに相当し，ベンゼン環同士の edge-to-face 相互作用の $\Delta G°$ が -0.3 kcal mol^{-1} ほどであることがわかった．

芳香環の slip stack の安定性については，実際，置換基効果があるが，必ずしも置換基の電子求引性，電子供与性で説明できず，難しい問題である．置換基効果を考える際に注意すべきことは，slip stack の配向を取っていても，実際に分子同士が溶液中でどのような位置関係にあるか実験で決定しにくいことである．興味深い理論研究結果として，ベンゼン環の上に置換基だけを配置し，安定化の傾向を調べると，置換ベンゼンに対する安定性の傾向とよく一致したという報告がある．すなわち置換基効果が芳香環の電子状態の変化ではなく，置換基とベンゼン環との直接相互作用を反映していることになり，slip stack というより芳香環–置換基相互作用を見ている場合があることを示している．これは一つの置換基を導入した場合だが，例えば，ベンゼン環に三つの強い電子吸引性基を導入すると，静電ポテンシャルは負から中性もしくは正に転じることがある．この場合，芳香環同士には静電反発が働かず，相互作用は強くなる．このような極端な例では，確かに通常の芳香環同士に比べ強く安定化する．一例として次に芳香環–ペルフルオロ芳香環相互作用を紹介する．

3.3.3 芳香環-ペルフルオロ芳香環の相互作用

ペルフルオロ芳香環とは芳香環の全ての水素をフッ素原子に置き換えた分子である．フッ素は電気陰性度が最も高い元素で，強い電子求引性を示す．そのため，ベンゼンの全ての水素をフッ素原子に置き換えると，もはや π 平面の静電ポテンシャルは負ではなく，大きな正電荷が発生し，逆にフッ素に大きな負電荷が見られる（図3.15）．つまり，ペルフルオロベンゼンはちょうどベンゼンと逆の電荷分布をもった四極子である．したがって，ベンゼンとヘキサフルオロベンゼン（C_6F_6）の間には前節で不安定であると説明したスタック相互作用が可能になる．ベンゼンの融点は5.5°Cで，ヘキサフルオロベンゼンの融点は 4.0°C である．両者の結晶構造には共にヘリンボーン型のedge-to-face 相互作用が見られる．一方，ベンゼンとヘキサフルオロベンゼンの1:1混合物の融点は 24°C とそれぞれ単独の融点よりもかなり高い．通常，混合物の融点は純物質より低いが，これはその例外である．また，この1:1混合物の結晶構造は二つの分子が互いに向き合ったスタック構造を形成している（図3.15）．

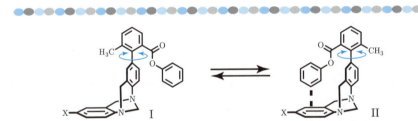

図 3.14 molecular torsion balance. ビフェニルの C–C 単結合の回転により，二つのコンフォメーション（I, II）を取ることができ，両者の存在比から edge-to-face 相互作用を見積もることができる．

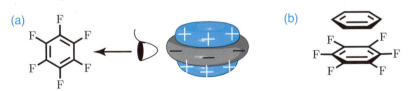

図 3.15 ペルフルオロベンゼンの静電ポテンシャルはベンゼンと逆で，正電荷が環上にあり，普通の芳香環と stack が可能である．

3.3.4 ドナー・アクセプター相互作用

芳香環–ペルフルオロ芳香環相互作用で見たように，電子の欠乏した芳香環と電子豊富な芳香環の間には通常の芳香環に比べ大きな安定化がはたらく．多くの化学結合の形成では電子の授受を伴う．すなわち，電子豊富な分子から電子欠乏な分子への電子移動である．このような原理に基づく相互作用が，芳香環の相互作用にも存在し，**ドナー・アクセプター相互作用**（donor-acceptor interaction）と呼ばれている．いずれもほぼ無色のテトラシアノエチレン（TCE）とヘキサメチルベンゼンを混ぜ合わせると，濃い紫色に変化する．これはアクセプター分子とドナー分子の分子軌道間で相互作用が起こり，部分的にドナーの電子がアクセプターへ移動したことに由来する（図 **3.16**）．アクセプター分子とドナー分子が接近し，分子軌道間で有効な相互作用が起こると，新しい分子軌道がつくられる．有効な相互作用は，軌道間に十分な重なり（重なり積分（S））があり，二つの軌道のエネルギー準位が比較的近い場合に起こる（1.2節参照）．したがって，ドナー・アクセプター相互作用が有効にはたらくためには，二つの分子間にエネルギー準位が近く，重なりの大きな分子軌道が存在すれば良い．

生成した分子軌道のうち一つの軌道（ϕ_+）は元の軌道（ドナーの軌道）よりも安定で，もう一方（ϕ_-）はアクセプターの軌道よりも不安定である．さらに，この安定な方の軌道（ϕ_+）はエネルギー的にドナー分子に近いため，その性質はドナーの性質が強い．一方，ϕ_- はアクセプターの性質が強い．基底状態では，電子は下の軌道から順に充填されるので，ドナー分子に入っていた電子は ϕ_+ に充填される．ここで，ϕ_+ はドナーとアクセプターの両方の性質をもち，アクセプターの性質ももつことから，ドナー・アクセプター相互作用によって，ドナー分子の一部の電子がアクセプターへ移動したことになる．

また，二つの分子を混合すると着色したという事実は，その物質が光を吸収したことを意味する．光吸収とは，ある軌道の電子（通常一つの電子）が，上にある空の軌道へ移動することである（**遷移**という）．遷移に必要な光エネルギーは遷移に関わる軌道間のエネルギー差に相当する．この場合，二つの軌道 ϕ_+ と ϕ_- のエネルギー差で，これが可視光に相当する比較的弱いエネルギーだったため，色の変化を目で観察できるのである．テトラシアノエチレン，ヘキサ

3.3 芳香環が関わる相互作用

メチルベンゼンそれぞれについても，光を照射して電子を遷移できるが，そのとき，電子が移動する先はそれぞれの分子に存在する空軌道で，その軌道間のエネルギー差は ϕ_+ と ϕ_- のエネルギー差に比べ大きく，遷移に必要なエネルギーが紫外光に相当するため，目で見てもわからない．

ドナー・アクセプター相互作用により新しい分子軌道が生成し，エネルギーの低い軌道（ϕ_+）に電子が入り安定化するため，相互作用した状態が安定になる．また，光を吸収した励起状態では，ϕ_- へ1電子が遷移し，ドナー分子からアクセプター分子へ完全に電子が移動している．

このようにドナー・アクセプター相互作用では，それぞれの分子では観測できない新しい吸収帯（**電荷移動吸収帯**：charge transfer band）が観測され，ドナー・アクセプター相互作用を確認する方法の一つである．3.3.3項で見た，芳香環–ペルフルオロ芳香環の相互作用では，電荷移動吸収帯は観測されないため，軌道間の相互作用はなく，あくまでもそれぞれの芳香環の静電相互作用に基づく．これは後に述べるカチオン–π 相互作用（3.3.5項）でも同じで，カチオン–π 相互作用では電荷移動吸収帯は観測されない．

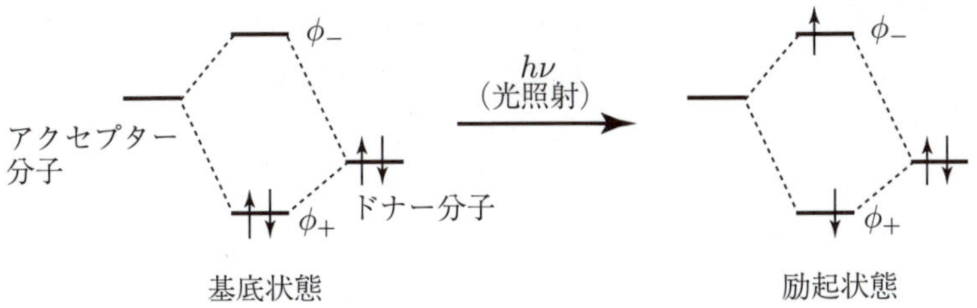

図 3.16 ドナー・アクセプター相互作用．ドナー分子とアクセプター分子の軌道間の相互作用により，新たな分子軌道が形成される．ϕ_+ 軌道にはアクセプターの性質も含まれているから（軌道の係数がアクセプターにも存在する），ドナーからアクセプターへの部分的な電子移動が起こっている．

ドナー・アクセプター相互作用を利用して分子の構造（コンフォメーション）を制御することができる．電子欠乏の芳香環と電子豊富な芳香環を交互に導入したオリゴマーを水に溶解すると，ドナー部とアクセプター部が交互にスタックした構造が形成される（図 3.17）．この構造形成ではドナー・アクセプター相互作用に加え，これらの芳香環が水に溶けにくいために，水分子との接触を避けるように，分子が集合化する**疎水効果**（hydrophobic effect）も寄与している．疎水効果については 3.5 節で説明する．

3.3.5 カチオン–π 相互作用

芳香環の π 平面上は負の静電ポテンシャルをもつため，この π 平面と正電荷をもったカチオンが相互作用し安定化すると期待するのは自然である．実際，**カチオン–π 相互作用**は安定で，アミノ酸の中にはフェニルアラニン（Phe），チロシン（Tyr），トリプトファン（Trp）など芳香環をもつものがあり（図 3.18），また，炭素–炭素二重結合も代謝物の中にあることから，生命現象のいろいろな場面で，カチオン–π 相互作用が重要な役割を果たしている．これらの例を見る前に，まずカチオン–π 相互作用の本質を考えよう．

(1) 気相中におけるカチオン–π 相互作用

気相中において，ベンゼンと陽イオン（Li^+, Na^+, K^+, Rb^+）の相互作用が調べられており，38（Li^+），28（Na^+），19（K^+），16（Rb^+）kcal mol^{-1} ととても大きい．この安定化の序列はイオン半径を反映しており，小さいイオンほど，ベンゼン環との距離が短くなり静電相互作用が強くなるためである．もし，分散力の効果が大きければ，イオン半径がより大きく，分極率の大きな Rb^+ で最も強く相互作用するはずである（もしくは，イオン半径の増大の効果と分極率の増大の効果が相殺して分散力はほとんど変化しない）．同様の傾向は NH_4^+ と $N(CH_3)_4^+$ の比較でも見られ，より小さい NH_4^+ の方が相互作用は強い．芳香環は四極子をもつので，四極子–カチオン相互作用がはたらく可能性がある．四極子–カチオン相互作用は距離の r^{-3} に依存することが知られており，距離依存性を調べれば，静電相互作用と区別できる．実際，カチオン–π 相互作用は r^{-n}（$n < 2$）の関係があり，四極子との相互作用があったとしてもその寄与は小さく，主に静電相互作用と考えて良い．

3.3 芳香環が関わる相互作用

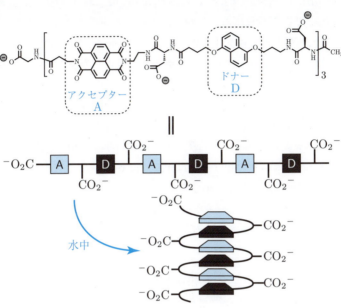

図 3.17 ドナー・アクセプター相互作用を利用して，水中で折りたたみ構造を形成するオリゴマー．

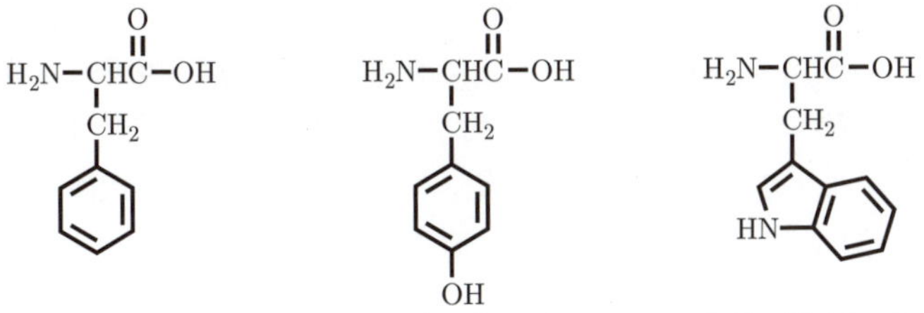

フェニルアラニン
(Phe)

チロシン
(Tyr)

トリプトファン
(Trp)

図 3.18 芳香環をもつアミノ酸．

カチオン–π 相互作用が比較的強いと述べたが，ベンゼン–K^+ の気相中における相互作用は，一分子の水と K^+ との相互作用における安定化エネルギー（19 kcal mol^{-1}）に匹敵する．しかし，実際，水中でカチオン–π 相互作用がカチオンの水和を抑えて優先するかといえばそう簡単ではない．水中では，沢山の水分子が存在し，さらに水分子は芳香族分子よりも小さいため，特に小さなカチオンを効率良く取り囲み水和できる（3.1.2 項）．したがって，生命現象に関わるカチオン–π 相互作用など水中でこの相互作用を考えるとき，常にカチオンに対する溶媒和と競合にあることを忘れてはならない．また，溶液中におけるカチオン–π 相互作用を考える際，芳香環に対する水和も考慮する必要がある．水分子とベンゼンとの相互作用は 1.8 kcal mol^{-1} と，先に見たカチオン–ベンゼン相互作用に比べとても小さいため，水中でカチオン–π 相互作用を妨げる主な要因はカチオンに対する強い水和である．したがって，生命系では水の影響を受けにくいタンパク質の内部に形成される疎水的な場で，カチオン–π 相互作用が巧みに利用されている．

(2) 生命系におけるカチオン–π 相互作用

つづいて，生命系で重要な役割を果たすカチオン–π 相互作用を見ていこう．アセチルコリン（Ach）は神経伝達物質で（図 **3.19**(a)），アンモニウム部が分子認識に大きく関与する．アセチルコリンの認識部位には，芳香環をもつアミノ酸残基が豊富に存在し，中でも強い負の静電ポテンシャルをもつトリプトファン残基が Ach のアンモニウム部と有効に相互作用する．

K^+-イオンチャンネルは，K^+ イオンを選択的に通過させることができ，細胞膜内外の K^+ イオン濃度の調節に関わる重要なタンパク質である．K^+ イオンは Na^+ イオンに対して 1000 倍の選択性があるが，この選択性にカチオン–π 相互作用が関わっている．先に述べた通り，気相中でベンゼン–カチオン相互作用は

$$Li^+ > Na^+ > K^+ > Rb^+$$

であった．一方，水中でベンゼン–カチオン相互作用は

$$K^+ > Rb^+ \gg Na^+, Li^+$$

と変化し，K^+ とベンゼンとの相互作用が最も強い．この安定性の序列の変化は，次のように説明できる．ベンゼンとカチオンとの相互作用は，静電相互作

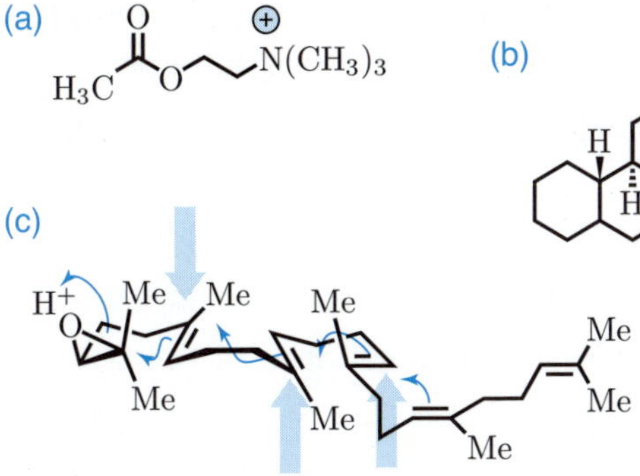

図 3.19 **(a)** アセチルコリン．**(b)** ステロイドの一般的な構造．四つの環が縮環している．**(c)** スクアレンからステロイドへの生合成の推定経路．細い矢印は反応における電子の動きを巻き矢印で示している．太い矢印で示す部分にカルボカチオンが生成し，酵素はこの部分に芳香環を配置し，反応中間体を安定化する．

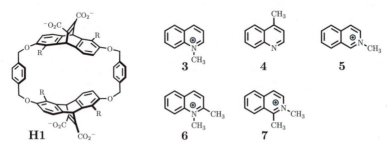

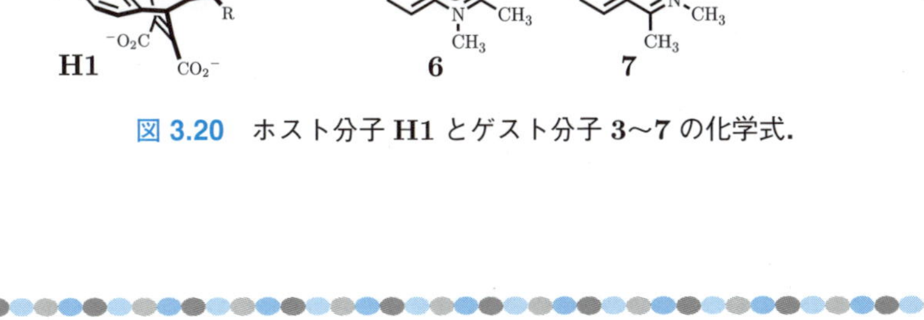

図 3.20 ホスト分子 **H1** とゲスト分子 **3〜7** の化学式．

用によるため，小さいカチオンほど強い．一方，カチオンに対する水和も静電相互作用によるが，より強くはたらくために，小さな Li^+, Na^+ は水和が優先し，カチオンが大きくなるにつれて，ベンゼンとの相互作用の方が有利になる．K^+ イオンに対する高い選択性には，他の要因も複合的に関与し，実際には複雑だと考えられるが，もし芳香環と K^+ イオンが強く相互作用することが理由で，生命系で K^+ イオンをシグナル伝達に利用することになったのだとすればとても興味深い．

ステロイドは四つの環が縮環してできた有機化合物で，生合成における原料であるスクアレンは，複数の炭素–炭素二重結合をもつ鎖状分子である（図 3.19(b)）．酵素中でスクアレンは，カルボカチオンの生成を経て四つの環を形成し，ステロイドへ変換される．はじめにカルボカチオンが生成し，その近傍に位置する炭素–炭素二重結合との反応により，カルボカチオンが移っていく．これが連続して起こることで，次々と環が形成されていく．このとき，一過的に生成するカルボカチオンは安定なカルボカチオンであるが，さらに周辺にトリプトファンをはじめとする芳香環をもつアミノ酸残基が存在し，カチオン–π 相互作用によりカルボカチオン中間体を安定化していると考えられている．

このように，カチオン–π 相互作用は，生命系で様々な役割を果たしているが，必ずしも重要視されてきたわけではない．これはタンパク質の結晶構造解析で芳香環を有するアミノ酸残基の π 平面上に陽イオンが存在するケースが少ないことが一つの理由である．ただし，これについては，多くの場合で，結晶構造解析において，K^+, Na^+, H_2O を見分けるほどの分解能が得られない．このことから，構造解析の際に，芳香環の近くに電子密度が観測されると，人為的に水分子を置いてしまっていることが指摘されている．このため報告されている結晶構造解析の結果の中には，陽イオンが存在しているところを，水として解析してしまっている可能性がある．

(3) 人工系におけるカチオン–π 相互作用

最後に，人工系におけるカチオン–π 相互作用の研究例を紹介する．化合物 **H1** は上下左右に π 平面をもつ環状のホスト分子である（図 3.20）．この分子はキラルで，片方のエナンチオマーが用いられている．水中で **H1** に対して，

3.3 芳香環が関わる相互作用

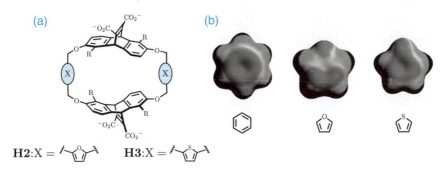

図 3.21 **(a)** ホスト **H2, H3** の化学式．**(b)** ベンゼン，フラン，チオフェンの静電ポテンシャル（*J. Am. Chem. Soc.* **115**, 9907-9919（1993）より引用）．いずれも環上に同程度の負電荷が存在する．

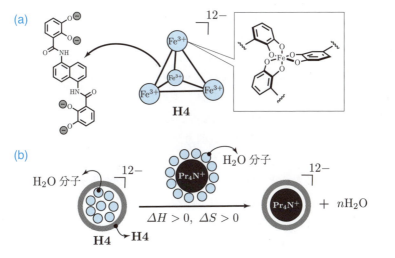

図 3.22 アニオン性の自己集合性カプセル型錯体へのゲスト分子の包接．**(a)** アニオンホスト錯体（**H4**）の模式図．**(b)** **H4** へのアンモニウムイオンの包接．

様々なアンモニウムイオンをゲストとして用い，結合力を調べたところ，脱水和エネルギーの大きなゲスト分子ほど包接力が低下した．これは包接の際にゲスト分子の脱溶媒が起こり，これが包接と競合するためである．また，分子の形がとても近い **3** と **4** を比べると，中性の **4** の結合力が低いことから，**H1** への包接には疎水効果とカチオン–π 相互作用がはたらいている．さらに，中性分子間で比較すると，分子面積が大きいほどよく包接され，これは疎水効果およびホスト・ゲスト間に vdW 力がはたらいているためである（3.2, 3.5 節）．つづいて，メチル基の位置の異なるゲスト **3** と **5** を比べると細長い **5** の方が複合体は不安定化し，**H1** の内部空間とのミスマッチから結合力が低下したことがわかる．また，分子の形が同じで正電荷の位置が異なる **6** と **7** を比べると安定性はほとんど変わらず，正電荷の位置は包接力に影響しないこともわかる．

また，**H1** には左右にベンゼン環があり，この芳香環の影響を調べるために，ベンゼン環をフラン環やチオフェン環に代えたホスト **H2**, **H3** について調べると，ゲスト分子に対する包接力は変化しなかった（図 **3.21(a)**）．

5.3.3 項で解説するが，有機配位子と金属イオンから自己集合性の錯体を形成することができる．このようにしてつくられた正四面体型の錯体（**H4**）の内部にアンモニウムなどのカチオンを取り込むことができる（図 **3.22**）．興味深いことに，包接における熱力学的なパラメーターを調べたところ，エンタルピー変化（ΔH）もエントロピー変化（ΔS）も正で，包接はエントロピー駆動であることがわかった．この錯体は -12 の負電荷をもつため，カチオン分子を包接すると，ホスト・ゲスト間で静電引力がはたらくと考えられ，そうであれば ΔH は負になる（安定化にはたらく）だろう．それではなぜ ΔH が正になったのだろうか．ここで考えなければならないことは，ゲストを包接する前に，ホストの内部空間に水分子が包接されていることである．すなわち，ゲスト分子を包接するためには，内部に既に存在する水分子を追い出す（脱水和する）必要がある．3.1.2 項で静電相互作用による水和エネルギーを見積もるうえで，ボルン式を紹介した（式 (3.3), (3.4)）．それによると水和エンタルピーは電荷の 2 乗に比例する．今回このホスト分子は -12 の電荷をもつため，包接されている水分子を追い出すために，かなり大きなエネルギーが必要になるに違いない．このため，ゲスト分子が正電荷をもつ分子であっても，ホスト・ゲスト分子間

にはたらく安定化エネルギーよりも脱水和のエネルギーの方が大きいため，包接における ΔH が正になったのだろう．一方，エントロピー変化（ΔS）が正になったことから，ゲスト分子を包接することで，系の自由度が増したことになる．ゲスト分子を包接すると自由度を失うため，エントロピー的に不利になるように思われるが実際には逆である．これについても，ゲスト分子を包接する前にホスト分子の内部に存在していた水分子を考慮する必要がある．ボルン式からエントロピーに対する寄与はエンタルピーの $\frac{1}{60}$ 程度であるが，ホスト分子の内部に存在する水分子は配向され，自由度を失っているため，ゲスト分子を包接すると，これらの構造化された水分子がバルクへ放出され，エントロピー的に有利になる．一方，ゲスト分子はホスト分子へ包接されるため，自由度を失いエントロピー的に不利になる．したがって，これらの効果は互いに打ち消しあうが，恐らくホスト分子内に存在する水分子の寄与の方が大きいだろう．また，ホスト分子の内部区間の大きさを考えると，はじめに 8 から 10 個の水分子が包接されていたと考えられ，これが一つのゲスト分子と置き換わることから，ホストに包接されていた水分子が解放されることによるエントロピーの効果が最も大きく寄与する．このように溶液中における分子認識では溶媒の振る舞いに対する理解が重要で，特に水のように水和力が強い場合，溶媒を無視すると，正確に現象を理解できない．

3.3.6 アニオン–π 相互作用

これまで見てきた芳香環の相互作用に基づくと，負の静電ポテンシャルをもつ π 平面がアニオンと相互作用して安定化するとは考えにくい．事実，カチオン–π 相互作用に比べ，**アニオン–π 相互作用**は稀である．一方，ベンゼン環の水素原子の静電ポテンシャルが正であることを踏まえると，芳香環の水素とアニオンとの相互作用の方がありえそうである．このような相互作用は π 平面との相互作用ではないが，アニオン–π 相互作用の一つとして分類されることが多い．しかしながら，このような芳香環の CH とアニオンとの相互作用（CH··X$^-$）は 3.4 節で述べる水素結合の一つと捉えることもできる．

アニオンと π 平面との相互作用はトリアジン（図 **3.23**）や先に見たペルフルオロ芳香環など，静電ポテンシャルが正である芳香環に限られる．トリプトファンやチロシン，フェニルアラニンなどのアミノ酸残基の芳香環はいずれも静電

ポテンシャルが負であるため，アニオン–π 相互作用に関わることはまずない．一方，DNA の塩基は窒素原子を多く含む芳香環であり，電子欠乏なため，塩基間のスタック構造における静電的な反発が小さい（図 3.23）．すなわち，DNA 二重らせんの形成において，塩基間のスタックによる不安定化を抑えているといえる．

アニオン–π 相互作用は主に

(a) CH···X 水素結合，
(b) 非共有結合性アニオン–π 相互作用，
(c) 強固な共有結合，
(d) 弱い共有結合

の四つに分類される（図 3.24）．(a) は既に説明したように，正の静電ポテンシャルをもつ芳香環の水素とアニオンとの CH···X$^-$ 水素結合である．(c) は電子不足の芳香環に対する求核置換反応（$S_N Ar$ 反応）における反応中間体（**マイゼンハイマー錯体**）に相当する．(d) は求核置換反応の初期段階でまだ共有結合を形成する前に相当する．これらは芳香環とアニオンの性質で決まるが，アニオンとして求核性の高い，F^-，CN^-，RO^-（R はアルキル基）を用いると (c) のタイプが，負電荷が非局在化した ClO_4^-，BF_4^-，PF_6^- では (b) のタイプが，電荷が局在化した Cl^-，Br^-，NO_3^- では (d) のタイプが生成する傾向がある．

3.3.3項でみたように，ヘキサフルオロベンゼンは電子不足の芳香環だが，気相中で Cl^-，Br^-，I^- イオンと共存させると，(b) のタイプの相互作用が起こる．一方，F^- を用いると，(c) のタイプが得られる．また 1,3,5-トリニトロベンゼンと Br^-，I^- では気相中で (d) のタイプの相互作用が起こり，OH^- では (c) になる．

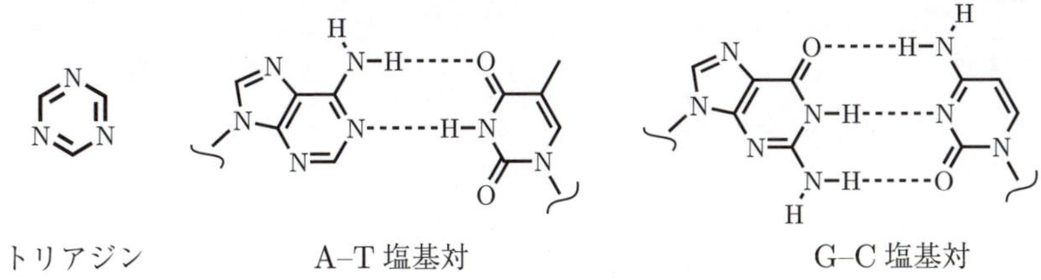

3.3 芳香環が関わる相互作用

トリアジン　　　　A–T 塩基対　　　　　　　　　G–C 塩基対

図 3.23　電子密度の低い芳香環と塩基対形成.

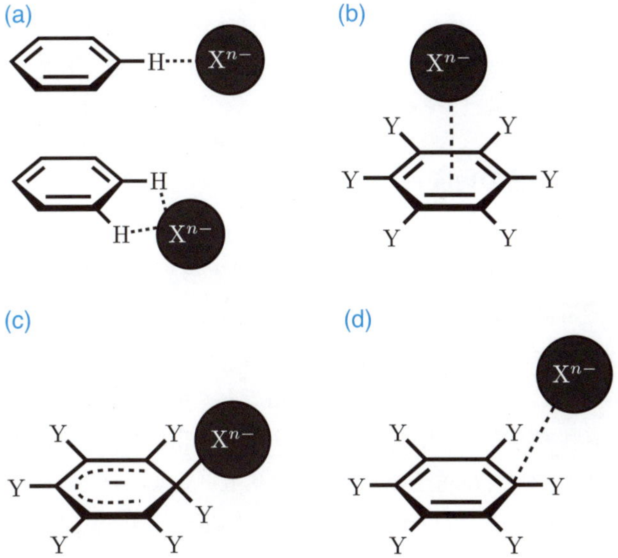

(a)

(b)

(c)

(d)

図 3.24　アニオン–π 相互作用の分類. **(a)** CH–X 水素結合, **(b)** 非共有結合性アニオン–π 相互作用, **(c)** 強固な共有結合, **(d)** 弱い共有結合.

3.4 水素結合

水素結合 (hydrogen bond) は生命分子では，DNA の塩基対や (図 3.25(a))，ペプチドの二次構造 (α-ヘリックスや β-シートなど) (図 3.25(b)) の形成に見られる重要な相互作用である．また，水は分子間で水素結合のネットワークを形成することで，疎水効果など水特有の性質を示す．水素結合は D–H⋯A という形で表すことができる．ここで，DH は水素を提供することから水素結合の**ドナー**と呼び，一方 A は水素を受け取ることから水素結合の**アクセプター**と呼ぶ．量子力学に基づく水素結合に対する解釈は必ずしも容易ではないが，ほとんどの水素結合は，分極した $D^{\delta-}$–$H^{\delta+}$ と（すなわち，正に帯電した $H^{\delta+}$ と）負に帯電した $A^{\delta-}$ の間に働く静電相互作用として理解できる．したがって，D–H 結合が分極するためには，D が電気陰性度の高い元素で，同様に A も電気的に陰性な元素であると良く，このとき有効な水素結合が形成される．実際，A や D は窒素や酸素であることが多い．

3.4.1 水素結合の角度

水素結合には $A^{\delta-}$–$H^{\delta+}$ 間の静電相互作用（図 3.26(a)）に加え，他の要素も考えられる．一つは $D^{\delta-}$–$H^{\delta+}$ 結合がつくる双極子と $A^{\delta-}$ の負電荷もしくは A の結合のつくる双極子との相互作用である（図 3.26(b)）．すでに見たように，双極子–電荷の場合，一直線に並ぶ配向（すなわち，なす角が 180°）が最も安定化が大きく，また双極子–双極子相互作用でも，互いの双極子が一直線に並ぶ配向が最も有利である（3.2.1 項）．また，強い水素結合では D–H 結合の反結合性軌道と A については電子の充填された軌道（通常は非共有電子対をもつ非結合性軌道 (n 軌道)）の相互作用の寄与もある．二つの軌道の重なりが大きいほど，(結合性) 分子軌道が安定化する．D–H 結合の反結合性軌道は D–H 結合軸の方向に張り出しているので，D—H⋯A のなす角が 180° のとき最も大きな重なりが得られる．したがって，双極子に由来する相互作用および分子軌道の寄与のいずれからも D—H⋯A のなす角が 180° で水素結合が強くなると予測される．一方，D—H⋯A のなす角に対する $D^{\delta-}$–$H^{\delta+}$ 間の静電的な寄与については，H および A 原子上の静電ポテンシャルに依存するが，双極子相互作用や分

3.4 水素結合

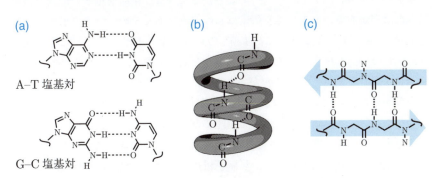

図 3.25 生命分子に見られる水素結合の例．**(a)** DNA の塩基対．**(b)** ペプチドの α-ヘリックス構造．**(c)** ペプチドの β-シート構造．

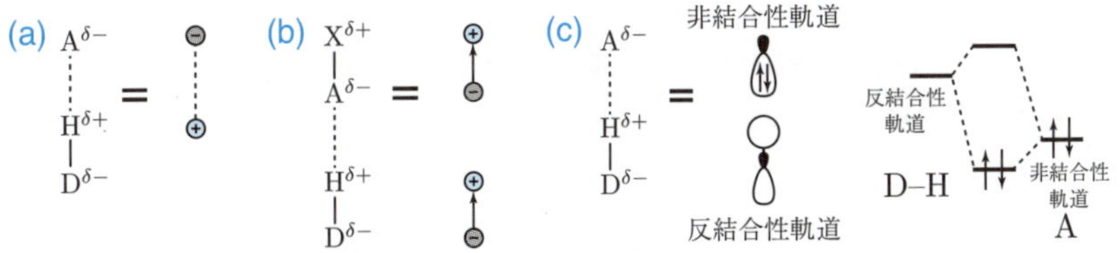

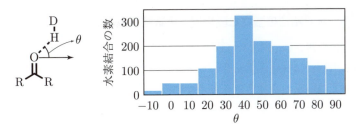

図 3.26 水素結合に関わる相互作用．**(a)** 静電相互作用，**(b)** 双極子–双極子相互作用，**(c)** 分子軌道間の相互作用．

図 3.27 結晶構造に見られる水素結合のなす角 (θ) の分布．

子軌道の寄与に比べ，方向性は低い．

カルボニル酸素がアクセプターのとき，さまざまな結晶構造から配向特性を調べた研究がある．カルボニル酸素は sp^2 混成であるため，酸素原子の非共有電子対は，C=O 結合に対して約 130°の角度をなす方向にある．この研究では，DH··O=C における H··O=C 角の分布を調べており，上の議論（そこでは，D—H··A 角）と着目している角が異なるが，分布の傾向から水素結合の形成に結合角がどのくらい厳密かわかる．C=O 結合に垂直な軸に対するなす角 (θ) の分布を調べると，確かに理想的な 40°の割合が高いが，0 から 90°の範囲に広く分布している（図 3.27）．このため，水素結合の結合角については，共有結合に比べかなり自由度が高く，双極子相互作用や分子軌道の寄与も含まれるが，多くの水素結合を静電相互作用として理解することに矛盾はない．

このように一つの水素結合の形成においては，なす角の分布は広いが，二つのアミドが分子内で水素結合し環状構造を形成する場合，9 員環の形成が最も有利である（図 3.28(a)）．これは 9 員環を形成した際に，二つのアミドを連結している炭素骨格部分の歪みが最も低いためである．

これまで，DH··A タイプの水素結合を見てきたが，結晶構造から，一つのドナー（DH）に対して，二つのアクセプターが水素結合している場合や，逆に一つのアクセプターに二つのドナーが水素結合する構造も観測される（図 3.28(b)）．これらは三中心水素結合（three-center hydrogenbonds）もしくは分枝水素結合（bifurcated hydrogen bonds）と呼ばれる．水素結合の角度依存性が低いことから，このように枝分かれした水素結合が有ることは不思議ではない．

3.4.2 水素結合の強さと酸性度，電気陰性度の関係

水素結合の強さは，ドナー（DH）とアクセプター（A）の性質に依存するが，多くの水素結合は弱い水素結合に相当する．また，溶液中で形成される水素結合については溶媒の寄与を無視できない．すなわち，溶媒と水素結合のドナーもしくはアクセプターとの競合を考える必要がある．水素結合能をもつ溶媒中（S）では，DH と A が水素結合を形成する前に，DH と A は S との水素結合を介して溶媒和されている．

$$\text{DH··S} + \text{A··S} \rightarrow \text{DH··A} + \text{S··S} \tag{3.28}$$

そのため DH··S や A··S の水素結合が DH··A と同じくらいであれば，DH··A 水

素結合はほとんど形成されない．水中でタンパク質中に見られる水素結合の多くはタンパク質の内部にあり，外部から隔てられている．これらの水素結合の安定化エネルギーは，0.5 から 1.5 kcal mol^{-1} 程度である．もし，これらの水素結合が水中にむき出しになった状態にあれば，水分子との競合により，安定化はほとんど得られない．一方，人工的に合成した分子を用いて非極性溶媒中で水素結合を調べると，溶媒分子との競合が弱いため，水素結合の安定化エネルギーは 5 から 10 kcal mol^{-1} になる．

　水素結合の強さに対するドナーおよびアクセプターの元素の傾向を見ていこう．水素結合が静電相互作用に基づくと考えれば，DH の水素原子上の静電ポテンシャルが正電荷を帯びているほど強いはずである．別の見方をすれば，D–H 結合がより強く分極していれば良いと考えることもできる．すなわち，これを発展させると，より酸性度が高い水素ほど，水素結合の形成能が高いと推察される．一般に，酸性度の高い水素は水素結合が強く，トリハロ酢酸（CX_3CO_2H）の水素結合能を比較すると，酸性度の序列と同じく，

$$CF_3CO_2H > CCl_3CO_2H > CBr_3CO_2H > CI_3CO_2H$$

となる．しかし，実際にはこれに従わないことも多い．例えば，ハロゲン化水素の酸性度は

$$HI > HBr > HCl > HF$$

と HI が最も強いが，HX の水素結合のドナーとしての能力は HF が最大で，HI が最も弱い．これは酸性度は $HX \rightleftarrows H^+ + X^-$ の平衡がどれだけ右に偏るかを

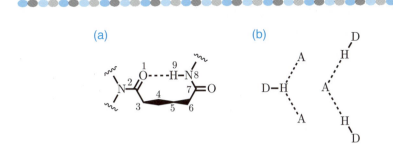

図 3.28　(a) 9 員環を形成する分子内水素結合．(b) 三中心水素結合．

示す指標であり，HX の水素原子上にどれだけの正電荷をもつかを示しているわけではないためである．HX の場合では，水素原子が結合している元素（X）が異なるため，酸性度は X の電子求引能力（電気陰性度でも良い）のみに依存せず，X^- のイオン半径の変化の影響も受ける．これが H–X 結合の強さに大きく関わることによって，水素結合の強さが酸性度の傾向と逆になった．一方，CX_3CO_2H の場合は，水素結合に関わる水素（カルボキシ基の水素）はいずれも酸素原子と結合しているため，CX_3 基の電子求引能力の影響のみを受けて，これが酸性度の強さも，水素原子上の正電荷の大きさも決めているのである．このように，水素結合の強さと酸性度の間に関係があるものの，必ずしも同じ傾向を示すわけではない．

　一方，水素結合のアクセプター（A）の元素と水素結合の強さについて考えよう．A についても，負の静電ポテンシャルの大きい元素ほど良いアクセプターになる．そのため，電気陰性度の高い元素が良いアクセプター元素になりやすいと予想できるが，これも注意が必要である．確かに電気陰性度が高い元素は，共有結合を形成したときに，他方の原子から電子を受け入れて電子豊富になる元素である．しかし，水素結合のアクセプターとなる原子は，正電荷をもつ水素結合のドナー（DH）と結合し，電子を共有できる力も必要であり，電気陰性度が高過ぎると，自分のもっている電子を水素結合のドナーと共有できなくなってしまう．フッ素原子は電気陰性度の最も大きな元素だが，フッ素よりも電気陰性度の低い同じ第二周期の酸素や窒素の方がずっと水素結合のアクセプターとしての能力が高い．また，第三周期の原子については，原子が大きくなり，電子の非局在化が進み，原子上に強い電荷ができないため，水素結合のアクセプター能が低下する．水（H_2O）は強い水素結合のネットワークを形成し，分子量が 18 にも関わらず 100°C ととても沸点が高いが，酸素を同族の硫黄に置き換えた硫化水素（H_2S）の沸点は −60°C ととても低い．これは酸素を第 3 周期の硫黄にすることで，水素結合のアクセプター能が劇的に低下したためである．いくつかの官能基に対して水素結合の強さを表 3.5 にまとめた．

表 3.5 さまざまな水素結合とその強さ（CCl_4 中）.

水素結合	例	強さ ($kcal\ mol^{-1}$)
O—H⋯OR_2	PhOH⋯O(morpholine/dioxane)	−5.0
O—H⋯SR_2	PhOH⋯SBu^n_2	−4.2
O—H⋯SeR_2	PhOH⋯SeBu^n_2	−3.7
O—H⋯sp^2N	PhOH⋯N(pyridine)	−6.7
O—H⋯sp^3N	PhOH⋯NEt_3	−8.4
N—H⋯SR_2	S=C−N−H⋯SBu^n_2	−3.6

3.4.3 水素結合における共鳴効果

共鳴構造（resonance structure）とは，原子位置を変えることなく，電子のみを移動させてできる構造で，各共鳴構造は両端に矢のある矢印（↔）で表す．A と B がそれぞれ共鳴構造である場合（A↔B），A と B が別々に存在することはなく，その分子は共鳴構造 A, B の両方の特性をもつ（それぞれの寄与は等価とは限らない）．共鳴構造は電子の位置の違いしかないため，共鳴の関係にある A, B の構造は巻き矢印を使って関係づけられる．共鳴と混同しやすい現象に**平衡**（equilibrium）がある．A と B が平衡にあるとき（A⇌B），A, B がそれぞれ存在し，化学的に区別できる．

共鳴構造が水素結合の強さに及ぼす効果を考えよう．β-ジケトン（**8**）は 1,3-ジカルボニル化合物の一種で（図 **3.29**(a)），二つのカルボニル基に挟まれた水素の酸性度は通常のカルボニルの α 水素よりも高く，エノール構造（**9**）も安定に存在し，**8** と **9** は**互変異性**（tautomerism）の関係にあるという．結晶構造ではエノール構造（**9**）の O–H が水素結合のドナーとして，一方，カルボニル（C=O）がアクセプターとしてはたらき，分子間で水素結合を形成し，鎖状に繋がっている（図 **3.29**(b)）．ここで，**9** には共鳴構造（**9**′）が存在し，**9**′ では水素結合のドナーである OH は C=O$^{\delta+}$–H となっており，O–H 結合がより分極する．なお酸素原子上の電子密度が低いため，これに結合した水素の静電ポテンシャルがより正になり，水素結合のドナー性が増す．また，**9** と **9**′ を比べると，単結合と二重結合が互いに入れ替わっている．二重結合は単結合に比べて短いので，もし，二つの共鳴構造のうち片方の寄与が大きければ，四つの結合距離（d_1, d_2, d_3, d_4）は交互に長短長短（もしくは短長短長）となる．一方，二つの共鳴構造の寄与が同じなら，四つの結合距離は同じになる（$d_1 = d_2 = d_3 = d_4$）．そこで

$$\Delta L = d_1 - d_2 + d_3 - d_4$$

を共鳴構造の寄与を知る指標として用いると，ΔL が小さいほど共鳴効果が大きいと判断できる．一方，分子間の水素結合の強さの評価には，水素結合に関わる水素を挟む二つの酸素原子の距離（$d(\text{O–O})$）を用い，短いほど水素結合が強固である．さまざまな β-ジケトンについて $d(\text{O–O})$ と ΔL の関係を調べると，両者に強い相関があり，共鳴により水素結合が強くなることがわかった

(図 3.29(c)).

共鳴構造の寄与により水素結合が強固になるのは，水素結合のドナー水素の結合（D–H）が大きく分極するためである．他の例も見てみよう．o-ニトロフェノール（**10**）は水酸基とニトロ基の間で強固な分子内水素結合を形成する（図 3.30(a)）．これは o-ニトロフェノールが二つの共鳴構造をもつためである．この場合，共鳴構造（**10′**）の水素結合のドナー部（O–H）は分極し $O^{\delta+}$–H となっている．共鳴構造による水素結合の安定化は，鎖状のポリアミドが分子内水素結合を形成する場合でも見られる（図 3.30(b)）．アミドには C=N 結合の共鳴構造の寄与があり，アミドの C–N 単結合は二重結合性をもち，アミン（NR_3）の C–N 結合に比べて回転が遅い．ジメチルホルムアミド（$HCONMe_2$）（**11**）の二つのメチル基は化学的に非等価で（図 3.30(c)），NMR では二つのメチル基が観測される．アミド結合の共鳴構造では，水素結合のドナーに相当する N–H 結合が分極しており，この共鳴構造により水素結合が強固なことがわかる．

アミドの窒素原子を酸素に代えたエステルでは，共鳴構造の寄与は極めて低

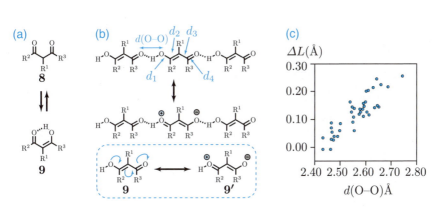

図 3.29 **(a)** β-ジケトン（**8**）と β-ケトエノール（**9**）の互変異性．**(b)** β-ケトエノール（**9**）の結晶構造に見られる鎖状構造と β-ケトエノール（**9**）の共鳴構造．**(c)** 置換基の異なる β-ケトエノールにおける共鳴構造の寄与（ΔL）と水素結合の強さ（$d(O–O)$）の関係．

く，C–O 結合は単結合とみなして良い．アミドの共鳴構造ではカルボニルは $C–O^{\delta-}$ となっており，水素結合のアクセプターの酸素の静電ポテンシャルも負に大きく，これも水素結合を強固にする要因である．このため，同じカルボニル酸素でもアミドのカルボニル酸素（C=O）はエステルのカルボニル酸素に比べ水素結合のアクセプター性が強い．これを示す良い例がある．α-ヘリックスを形成するペプチドの一箇所のアミドをエステルに代えた分子を合成し，水素結合の強さを比較した（図 3.30(d)）．エステルに置換すると，一つの水素結合が減るため，当然不安定になるが，驚くことにこの不安定化分 1.6 kcal mol^{-1} のうち，水素結合が欠落した分の寄与は 0.72 kcal mol^{-1} で，カルボニル酸素のアクセプター性の低下による不安定化分（0.89 kcal mol^{-1}）の方が上回っていることがわかった．このように，アミドは NH 部が良い水素結合のドナーとなるばかりでなく，カルボニル酸素のアクセプター能も他のカルボニルより高い．

また，共鳴構造の寄与は DNA の塩基対の形成においても見られ（図 3.30(e)），環構造のアミド窒素が関わる共鳴構造により，その寄与は十分に大きい．

3.4.4　水素結合の強さに及ぼす分極の効果

共鳴構造が水素結合に及ぼす寄与は，共鳴構造において水素結合のドナー部（D–H）で分極が起こることが主な要因であった．そのため，これ自体も水素結合に及ぼす分極の効果だが，このように分極した構造の形成は，共鳴以外でも得られる．水分子間の水素結合を考えよう（図 3.31(a)）．二つの水分子（A, B）が水素結合を形成すると，二つの水分子はそれぞれ水素結合のドナーとアクセプターとしてはたらく．このとき，極端に示すと，(C) のような共鳴構造が書ける．A の酸素原子の電子密度が低下しており，A の水素の水素結合のドナー性は孤立した水分子より高い．また，B の酸素原子の電子密度が高くなっており，この酸素原子の水素結合のアクセプター性は水分子よりも高い．このため，水分子の二量体は水素結合のドナー性もアクセプター性も上がり，さらに水分子と水素結合を形成しやすくなる．すなわち，二つの水分子が水素結合を形成し二量化すると，さらに水分子が繋がりやすく，このような現象を**協同性**（cooperativity）という（4.3 節）．水素結合の形成における協同性の寄与について，アルコール分子が環状に水素結合を形成した際の安定性を理論計算により調べた研究がある（図 3.31(b)）．環状三量体では一つのアルコール分子あた

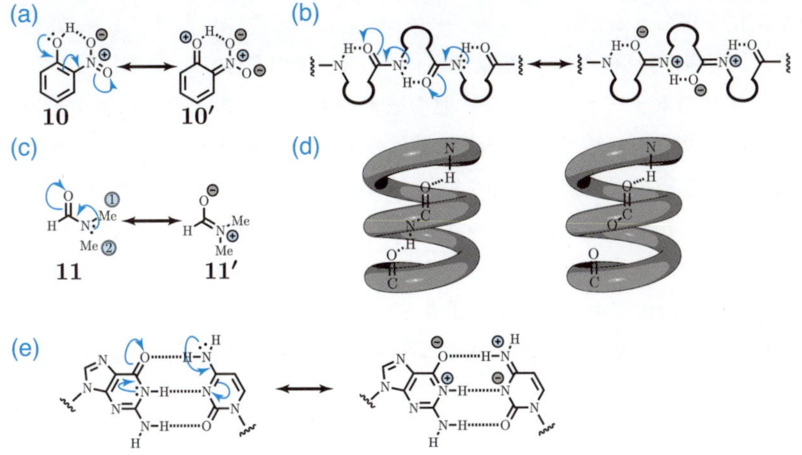

3.4 水素結合

図 3.30 水素結合に及ぼす共鳴構造の寄与 **(a)** o-ニトロフェノールの分子内水素結合．**(b)** オリゴペプチドの分子内水素結合．**(c)** N,N-ジメチルホルムアミドの二つのメチル基は核磁気共鳴分光（**NMR**）測定で非等価に観測される．**(d)** 一箇所のアミドをエステルにすると α-ヘリックスの安定性が大きく低下する．**(e)** DNA の塩基対の安定化にも共鳴構造の寄与がある．

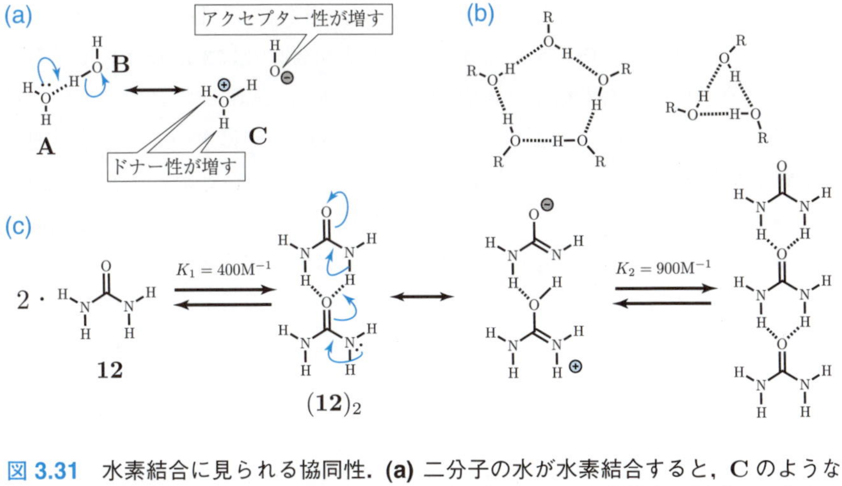

図 3.31 水素結合に見られる協同性．**(a)** 二分子の水が水素結合すると，**C** のような共鳴構造の寄与により，水分子が分極し，さらに水素結合を形成しやすくなる．**(b)** アルコール分子からなる環状 5 量体と 3 量体．**(c)** 尿素（**12**）の分子間水素結合に見られる協同効果も分極の寄与による．

り，5.6 kcal mol^{-1} 安定化するが，拡張して五量体になると，10.6 kcal mol^{-1} の安定化が得られる．

また，同様の分極の効果は尿素でも見られる（図 3.31(c)）．尿素は二つの NH が水素結合のドナーとして働き，他の尿素のカルボニルと水素結合を形成し，鎖状の水素結合を形成する．尿素二量体の形成の平衡定数（K_1）は 400 M^{-1} で，三量体形成の平衡定数 900 M^{-1}（K_2）は二倍ほど大きい．尿素にもアミドと同じ構造があるため，窒素原子からのカルボニル酸素への電子の流れがあり，水素結合の良いアクセプターである．二量体の共鳴構造を書くと，片方の尿素の水素の静電ポテンシャルはより正になり，水素結合のドナー性が上がり，他方のカルボニル酸素は，静電ポテンシャルがより負になり，アクセプター性が増す．

3.4.5 水素結合における二次的相互作用

先に見たように，DNA は水素結合により，アデニン（A）とチミン（T）間とグアニン（G）とシトシン（C）間で塩基対を形成し遺伝情報を司っている（図 3.32(a)）．ここで，二種類の塩基対を見ると，A–T 対には二つの水素結合があり，G–C 対には三つの水素結合が存在する．どちらの水素結合が強いかといえば，当然三つの水素結合からなる G–C 対の方が強い．DNA は水中で塩基対を形成し二重らせん構造を形成するが，水素結合に及ぼす溶媒効果で見たように，水分子自体も水素結合を形成する能力があるために，塩基対の形成に対して溶媒の水分子が競合する．このため，短い DNA 鎖は水中では塩基対間で水素結合を形成しない．一方，ある程度の長さのポリ A 鎖とポリ T 鎖を用いると，水中で塩基対を形成し，二重らせんを形成する．これを加熱すると水素結合が切断され，高温では完全に解離する．塩基は紫外線を吸収するため，解離の様子を吸収スペクトル測定によって追跡できる．二重らせんを形成した状態では，各塩基対が積み重なってスタックしているため，解離した状態に比べて吸光度が低下し，これを**淡色効果**（hypochromic effect, hypochromicity）と呼ぶ．そのため温度を上げて二重らせんがほどけていくと，吸光度が上昇する．この吸光度は図 3.32(b) に示すように，S 字曲線を描くように変化し，半分の DNA がほどける温度を**融解温度**（melting temperature: T_m）と呼び，この温度が高いほど，その DNA が安定であることを示している．ここで，同じ長さ

の DNA を比べると，ポリ A–ポリ T の二重らせんに比べ，ポリ G–ポリ C の二重らせんの方が融解温度（T_m）が高く，G–C 塩基対の方が期待通り安定である．はたして，この安定性の違いは G–C 対の方が水素結合の数が多いためだけなのだろうか．一つの A–T 対と G–C 対を比較すると，その安定性はそれぞれ，8.5 kJ mol^{-1}，24.5 kJ mol^{-1} で，G–C 対の安定化分は A–T 対の $\frac{3}{2}$ を

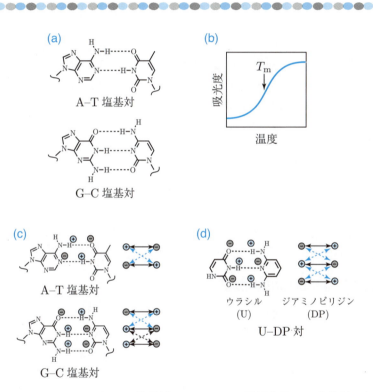

図 3.32 **(a)** A–T および G–C 塩基対．**(b)** DNA の融解曲線．**(c)** 塩基対の安定化に及ぼす水素結合の二次的相互作用の寄与．黒の矢印は水素結合を，黒の破線は二次的相互作用による安定化を，青の破線は二次的相互作用による不安定化を示す．**(d)** ウラシル（U）とジアミノピリジン（DP）間の水素結合の形成と二次的相互作用の寄与．二次的相互作用は不安定化の寄与しかないため，水素結合の数は G–C 対と同じだが，安定性は低い．

はるかに超える．この G–C 対の高い安定性は**水素結合の二次的相互作用**によって説明されている．

図 **3.32**(c) に A–T および G–C 対それぞれについて，水素結合に関わる重要な静電ポテンシャルを + および − で示している．ここで，↔ は水素結合の対（DH⋯A）を表している．一方，破線（--）で示した矢印は，一つ離れた原子間における静電相互作用（これを**二次的水素結合**と呼ぶ）を表している．これを見ると，A–T 塩基対では，正電荷同士，負電荷同士の静電反発がはたらき不安定化する．一方，G–C 塩基対では，正電荷同士，負電荷同士の相互作用がそれぞれ一つずつあり，これは A–T 塩基対と同じだが，あわせて引力的な相互作用が存在する．この二次的水素結合の寄与により G–C 塩基対は，A–T 塩基対よりも水素結合の数が多いことに加えさらに安定である．これを確認するために図 **3.32**(d) に示すウラシル（U）とジアミノピリジン（DP）の水素結合を考えよう．U–DP 対では一次の水素結合が三つあり，水素結合の数は G–C 対と同じだが，二次的相互作用を調べると，どれも反発にはたらき，G–C 対よりも不安定であると期待される．事実，有機溶媒中で U–DP 対と G–C 対の安定性を比較すると，U–DP 対は G–C 対に比べ，10 kcal mol^{-1} も不安定であることがわかった．このように隣り合う部分の二次的な水素結合の寄与は無視できないほど大きい．この事実は，水素結合が静電相互作用に基づくという考え方と良く一致する．

3.4.6　水素結合の協同効果

すでに水中では水素結合がとても弱いことを説明した．これは，水素結合を形成する前のドナー分子（DH），アクセプター分子（A）がそれぞれ水分子と水素結合を形成するため，ドナー・アクセプター間の水素結合に溶媒が競合し，エンタルピー的に大きな利得が得られないためである．また，分子間相互作用で常に起こることだが，ドナー・アクセプター間で水素結合を形成すると，それぞれの分子の自由度が低下し，水素結合対の形成はエントロピー的に不利である．したがって，水中における水素結合の形成が不利な理由には，エントロピーの要因もある．それでは，なぜタンパク質は水中で水素結合を形成し，α-ヘリックスや β-シートなどの二次構造を形成するのだろうか．同様に，DNA も水中で塩基対を形成するが，それはなぜだろう．これは 3.5 節で扱う疎水効果と関

3.4 水素結合

係がある．疎水効果とは，水に溶けにくい分子が水中で集合化する現象である．タンパク質を構成するアミノ酸の中には疎水性の置換基をもつものがあり，これらがタンパク質中に存在すると，タンパク質を水に溶かしたとき，これらの疎水性の部分が水との相互作用を避けるように集合し，折りたたみ構造を形成する．このようにしてできた疎水部の塊の中にあるアミド基は，水分子との競合が弱められている（水和されていない）．すなわち，タンパク質中の疎水部が水中で集合化するときに，疎水部の脱水和も起こり，これにより周囲のアミドの水和も弱められている（もしくは脱水和する）（図 3.33）．したがって，アミド間の水素結合の形成がエンタルピー的に有利になる．一方，疎水部が集合化したときに，あわせてアミド基も近くに集められることで，水素結合を形成する際に失う自由度に大きな変化がなく，エントロピーの損失も減る（このように，分子間相互作用が起こる前に，それぞれを近くに集め，エントロピーの損失を抑える効果を**事前組織化**（preorganization）という）．このため疎水効果を駆動力として水素結合がはたらく場合，エンタルピー的にもエントロピー的にも有利になる．さらに，これらに加え，3.4.4項の分極の効果で見たように，アミドの繰返し構造により，一箇所の水素結合が形成されると，アミドの分極が進み水素結合能がさらに高まり，これに対する水素結合の形成が有利にはたらく．このように水中における水素結合の形成では，さまざまな効果が協同的にはたらき，不利な環境でもその構造を安定化させる仕組みがはたらいている．

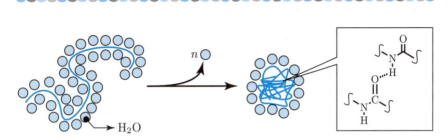

図 3.33 水中におけるペプチドの水素結合の形成に及ぼす疎水効果の寄与．

3.4.7 水素結合の振動特性

化学結合は熱的に振動しており，これは絶対零度であっても起こっている．この振動特性は水素結合でも見られる．ここでは，この水素結合における振動特性を考えよう．化学結合の振動に関する情報は赤外分光により振動周波数を測定することで得られる．振動構造に関しては，ポテンシャル井戸で示すと理解しやすい．水素結合する前は，水素がドナー原子（D）のみに結合しているので，D–H の一つのポテンシャル井戸で表すことができる（図 **3.34**(a)）．一方，水素結合を形成すると（DH··A），水素はアクセプター原子（A）にも結合しているため，D–H 結合に加えて H··A 水素結合も加わるために，二つの井戸で表される（図 **3.34**(b)）．この図で，横軸はドナー（D）とアクセプター（A）原子の間の水素の位置を表しており，例えば，D–H 間距離と考えても良い．ここで，左側の井戸は水素原子が D に結合している状態を，右側の井戸は水素が D から A へ移動した状態（すなわち D··H—A）を表している．多くの水素結合では，D—H··A の状態の方が D–H—A よりも安定で（すなわち，左側のポテンシャルの井戸の方が下にある），さらに二つのポテンシャル井戸のエネルギー障壁が大きい．また，両者の零点エネルギーはエネルギー障壁よりもずっと下にある．

つづいて，ドナー原子（D）とアクセプター原子（A）が近づいた場合を考えよう．両者が近づくと，エネルギー障壁が小さくなり，エネルギー障壁と零点エネルギーが近づいてくる（図 **3.34**(c)）．このような状態の D··A 間距離は一般的に 2.4 から 2.5 Å 程度である．さらに D··A 間距離が短くなると，もはや零点エネルギーよりもエネルギー障壁が小さくなってしまう（図 **3.34**(d)）．図 **3.34** の (c) および (d) の状態を**低障壁水素結合**（Low-Barrier Hydrogen bonds：LBHD）もしくは**無障壁水素結合**（No-Barrier Hydrogen bonds：NBHD）と呼ぶ．このような状況では，ドナーとアクセプター原子に挟まれた水素は両者の間に広く分布し，その平均位置は，ドナー原子とアクセプター原子の中心になる（常に水素が中心に存在するという意味ではない）．このように広いポテンシャル井戸になると，振動伸縮の力の定数は小さくなる．低障壁水素結合は強く，**短距離の強い水素結合**（short-strong hydrogen bonds）と呼ばれることもある．低障壁水素結合がどのような環境で形成するかというと，ドナー原子とアクセプ

ター原子間の距離が短く，D–H $\rightleftarrows$ D$^-$ + H$^+$ と H–A $\rightleftarrows$ H$^+$ + A$^-$ のそれぞれの平衡定数，すなわち D–H と H–A の pK_a が近づく場合である．そのため，通常アクセプター原子（A）が陰イオン性のとき，このような状況になりやすい．低障壁水素結合では，D–H と A–H の二つの結合に関わる電子の総数が 2 なので，三中心二電子結合が形成されているとみなすこともできる．また，この環境では A–H 間に共有結合性が現れ，軌道間の相互作用の寄与が強くなり（図 3.26(c)），通常の弱い水素結合に比べて D–H–A 結合に強い方向性が現れる．

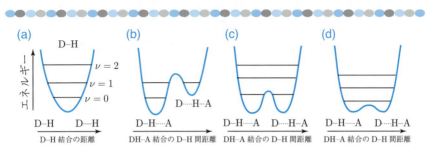

図 3.34 **(a)** D–H 結合の振動のポテンシャルの模式図．ν は振動順位を示す．**(b)** 通常の弱い水素結合のポテンシャルの模式図．**(c) (d)** 低障壁水素結合のポテンシャルの模式図．

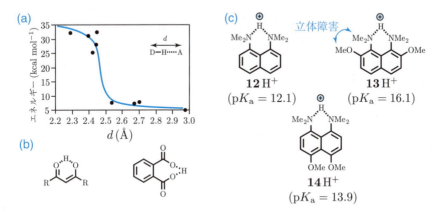

図 3.35 **(a)** D–A 間の距離（d）と水素結合の強さの関係．**(b)** 低障壁水素結合があると考えられる化合物の例．**(c)** プロトンスポンジ（**12**）とその類似化合物．

D⋯A 間距離と水素結合のエネルギーの関係を調べると，D⋯A = 2.5 Å を境に大きな変化が見られる．気相中における O—H⋯O の水素結合について調べると（図 **3.35(a)**），O⋯O 間距離が 2.52 Å では安定化のエネルギーは 7.5 kcal mol^{-1} だが，たった 0.07 Å だけ短くなった 2.45 Å では，安定性が劇的に増し 25 kcal mol^{-1} に達する．このとき低エネルギー障壁水素結合が形成されている．このように，低エネルギー障壁水素結合は D⋯A 間の距離にとても敏感なことがわかる．

　強い水素結合の最も単純な例はビフルオリド（F⋯H⋯F）である．この分子の D⋯A 間距離（つまり，F⋯F 間距離）は 2.25 Å とかなり短く，水素結合の強さは 39 kcal mol^{-1} ととても大きい．また，明確ではないが，β-ジケトエノール（図 **3.35(b)**）などの化合物は酸素原子間距離がとても短く，低障壁水素結合を形成する可能性がある．

　プロトンスポンジ（**12**）（図 **3.35(c)**）は pK_a が 12.1 ととても高く，プロトンを強く捕捉する力がある．アニリン（PhNH$_2$）は窒素原子上の非共有電子対がベンゼン環と共役しているが，プロトンスポンジでは，窒素原子上に導入された四つのメチル基があるため，これらの立体反発により，窒素周りの平面がナフタレン環の平面に対して垂直に近い配座を取る．このため窒素原子上の非共有電子対はナフタレン環と共役できず，互いに非共有電子対を向き合わせるように位置する．興味深いことに，プロトンスポンジのオルト位にメトキシ基を導入すると（**13**），pK_a が 16.1 になり，10,000 倍も塩基性が上昇する．一方，パラ位にメトキシ基を導入しても（**14**），pK_a は 13.9 までしか上がらず，置換基の導入位置が塩基性に大きく影響する．これはオルト位にメトキシ基を導入すると，メトキシ基とジメチルアミノ基の間の立体反発により，ジメチルアミノ基が，さらに近づけられて不安定化することと，二つの窒素とプロトン間の距離が短くなることで水素結合がさらに強固になるためである．この結果からも，水素結合の強さは D⋯A 間距離と強い相関がある．

3.4.8 生命科学における低障壁水素結合の重要性

これまで見てきたように，D–A 間距離のわずかな変化で低障壁水素結合が形成されることがわかった．この特性は生命現象と深い関わりがあると考えられている．酵素は反応の遷移状態を特別に安定化できるため，活性化エネルギーを下げて，反応を加速することができる．したがって，酵素は遷移状態に対して特別に強い結合を形成できるように設計されている．ここで大きな問題は，当然のことだが，酵素は基質分子に対する結合力もあるが，基質が結合した状態と遷移状態に大きな構造変化が無いため，どのような機構で遷移状態に対してのみ強い結合を形成できるのかという点である．酵素と基質分子もしくは遷移状態における結合には水素結合が関わっていることがある．基質と遷移状態に大きな構造変化が無いことを踏まえると，遷移状態において，新たな水素結合が形成されて遷移状態をより安定化するとは考えにくい．そこで，考えられることが，遷移状態における低障壁水素結合の形成である．低障壁水素結合は D–A 間距離のわずかな変化に依存するため，大きな構造変化を伴わずに，基質と遷移状態に対する結合力を大幅に変化できるのではないだろうか．

低障壁水素結合がタンパク質中で観測された例がある．紅色光合成細菌がもつ光受容タンパク質である Photoactive Yellow Protein（PYP）には光を吸収する部位（p-クマール酸）があり，このフェノール部位が近接するアミノ酸残基（グルタミン酸 46：E46）と水素結合を形成している．中性子線結晶構造解析により，この水素結合部位の水素の位置を決定することができ，その結果，光を吸収していない状態では，二つの酸素原子間距離は短く，水素は両者の中央付近に位置していることがわかった．一方，光を吸収すると，この酸素原子間の距離が長くなり，通常の水素結合に変化し，水素結合が弱くなることで，この後にプロトン移動が起こる．このタンパク質中における低障壁水素結合の役割は未解明だが，この例に見るように，いろいろなタンパク質において低障壁水素結合が重要な役割を担っているに違いない．

3.4.9 水素結合のエネルギーの定式化

これまで見てきたように,水素結合に対する真の理解は単純ではないが,その安定性はドナー部位(DH)とアクセプター部(A)の間の静電相互作用を考えることで説明できる.これに基づくと,水素結合の強さを $DH + A \rightleftarrows DH \cdots A$ の平衡定数(K)と関係付けて,式(3.29)で表すことができる.

$$\log K = c_1 \alpha_2^H \beta_2^H + c_2 \tag{3.29}$$

ここで,c_1 と c_2 は定数で,α_2^H は水素結合のドナーの官能基に対するパラメーターで,β_2^H は同じく水素結合のアクセプターの官能基に対するパラメーターである.すなわち,正電荷をもつドナーのパラメーター(α_2^H)と負電荷をもつアクセプターのパラメーター(β_2^H)の積で安定性が表され,静電相互作用と安定化エネルギーとの相関から,α_2^H や β_2^H は電荷と関わるパラメーターである.c_1 は静電相互作用に対する溶媒効果に関するパラメーターとみなすことができ(静電相互作用における誘電率と近い関係にある),極性の高い溶媒中で c_1 は小さい.一方,c_2 は溶媒に依存しない定数で,$c_2 = -1.0 \pm 0.1$ で二つの分子が結合することで生じる本質的な不利分に相当し,直観的には水素結合の形成に伴うエントロピーの損失分に相当するが,実験で得られるエントロピー変化には溶媒に対するエントロピー変化も含まれ,c_2 とエントロピー変化の間に対応関係はほとんどない.式(3.29)の表現は実験結果を良く説明でき,たとえ水素結合の本質が複雑であっても,その相互作用のエネルギーを,単純に静電相互作用として扱えることを示している.

式(3.29)は測定に用いた溶媒中に限って水素結合の安定化を表すため,実際にはさまざまな溶媒中でも利用できるパラメーターが用いられている.また,水素結合の強さを相互作用する二つの原子間(DH と A)の静電ポテンシャルの大きさで評価できるとすれば,この考え方は水素原子をもたない分子や官能基にも拡張でき,水素結合以外の弱い相互作用の解釈にも利用できる.すなわち,静電ポテンシャルが正である原子や官能基は水素結合のドナーとみなせ,静電ポテンシャルが負である原子や官能基は水素結合のアクセプターとみなせる.このように考えると,あらゆる官能基間の相互作用を扱える.ここで,溶液中における相互作用を考えているので,すでに見たように,<u>溶液中における水素結合の形成は溶媒和を考慮する必要がある</u>(式(3.30)).

3.4 水素結合

$$DH\cdots S + A\cdots S \rightleftarrows DH\cdots A + S\cdots S \quad (3.30)$$

ここで，今度は二つの分子（もしくは官能基）の相互作用のエネルギー（自由エネルギー：ΔG）を単純に α（水素結合のドナー定数）と β（水素結合のアクセプター定数）の積で表す．したがって，DH の水素結合のドナー定数を α，A のアクセプター定数を β，溶媒分子のドナー定数，アクセプター定数をそれぞれ，α_S, β_S とすると（$\alpha, \alpha_S, \beta, \beta_S$ はともに正の値である），DH$\cdots$S の相互作用では $\Delta G = -\alpha\beta_S$，一方，A$\cdots$S については $\Delta G = -\alpha_S\beta$，DH$\cdots$A については $\Delta G = -\alpha\beta$，S$\cdots$S については $\Delta G = -\alpha_S\beta_S$ となる．このため式 (3.30) の自由エネルギー変化（$\Delta\Delta G$）は次式で表される．

$$\Delta\Delta G = -(\alpha\beta + \alpha_S\beta_S) + (\alpha\beta_S + \alpha_S\beta) = -(\alpha - \alpha_S)(\beta - \beta_S) \quad (3.31)$$

各官能基および溶媒のドナー定数（α），アクセプター定数（β）は実験で求めた α_2^H, β_2^H から計算するか，実験値がない場合は，理論計算により求めた静電ポテンシャルから計算することができ，いずれかが用いられている．

式 (3.31) で $\Delta\Delta G$ が負であれば，水素結合の形成が有利である．$\Delta\Delta G$ が負になる条件は $\alpha - \alpha_S$ と $\beta - \beta_S$ が共に正か負の場合である．また，このとき，$\Delta\Delta G$ が正になる条件も二通りあって，$\alpha - \alpha_S$ と $\beta - \beta_S$ のどちらかが正で他方が負の場合である．したがって，溶液中における水素結合は，溶媒の水素結合の能力に対する DH, A の水素結合のドナー（もしくはアクセプター）定数の相対的な大きさに依存し，四つの場合に分類できる．これを図示すると，四つの領域 (I-IV) に分けられる（図 **3.36**）．領域 a および c は水素結合の 不利な条件で，領域 I では A のアクセプター定数が溶媒のアクセプター定数よりも小さいため（$\beta < \beta_S$），溶媒の方が DH と強く相互作用し，DH$\cdots$A 水素結合が不利である．一方，領域 III はその逆で $\alpha < \alpha_S$ のため，DH のドナー能力が溶媒より低く，DH$\cdots$A 水素結合の形成が起こらない．つづいて，水素結合が有利になる二つの領域 II と IV を見てみよう．領域 II は α も β も共に溶媒よりも大きいため，DH$\cdots$A の水素結合の形成が強い．一方，領域 IV では DH のドナー定数は溶媒よりも低く，A のアクセプター定数も溶媒よりも低いため，DH$\cdots$A 間の水素結合がとても弱いはずである．それにもかかわらず，式 (3.31) で $\Delta\Delta G$ が負になることから，DH$\cdots$A の水素結合の形成が優先する．これは溶媒分子のドナー定数，アクセプター定数が大きいため，溶媒間の結合が強く（S$\cdots$S），その結果として DH$\cdots$A が形成されたことを意味する．すなわち，この場合の DH$\cdots$A

の形成は，DH と A の間の静電相互作用によるものではなく，溶媒間の強い相互作用に基づく結果である．このような現象を**疎溶媒効果**（solvophobic effect）と呼び，領域 III を**疎溶媒領域**（solovophobic zone）と呼ぶ．したがって，式(3.31) から，溶媒中で DH–A 結合を形成するためには，もちろん DH, A それぞれの結合力が高いこと（すなわち，ドナー定数とアクセプター定数が大きいこと）も重要だが，溶媒分子間の相互作用を強くし，DH と A の相互作用を弱めても，DH と A を結合させることが可能である．そこで，いくつかの溶媒について各領域を図 3.36 に示す．溶媒としてジメチルスルホキシド（DMSO）を用いると，図 3.36(b) に示すように，ほとんどが領域 I になり，水素結合が有利な領域は見られない．これは DMSO が強い水素結合のアクセプターであるためである．つづいて，クロロホルムを溶媒にすると（図 3.36(c)），領域 II と IV が見られ，領域 I と III はない．これはクロロホルムの β_S 値がとても小さいためで，一方 α_S は中程度なので二つの領域が現れたのである．クロロホルム（$CHCl_3$）には三つの塩素原子が一つの炭素に結合している．塩素には三つの

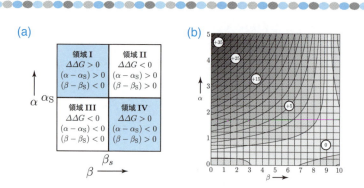

図 3.36 **(a)** 水素結合のパラメーターの相対的な大きさによって四つの領域に分割される．領域 II, IV では複合体の形成が有利になる．**(b)-(f)** 様々な溶媒における各領域の形成の様子．**(b)** ジメチルスルホキシド（DMSO），**(c)** クロロホルム，**(d)** ジエチルエーテル，**(e)** 水，**(f)** メタノール **(g)** 四塩化炭素（CCl_4）の静電ポテンシャル．C–Cl 結合軸の周囲の塩素原子のポテンシャルが正となって，σ ホールを形成する．

3.4 水素結合

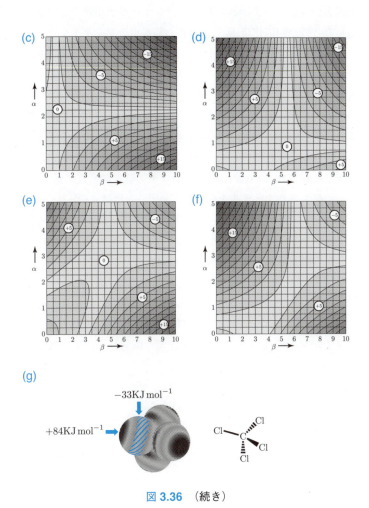

図 **3.36** （続き）

非共有電子対があることをふまえると，クロロホルムの静電ポテンシャルは負に帯電しているように予想される．だが，実際には，三つの塩素原子の静電ポテンシャルは，原子の張り出した部分（C–Cl 結合の方向）が正で，内側（C–Cl 結合に垂直方向）にドーナツ状に負のポテンシャルが現れる．図 **3.36**(g) にはクロロホルムと似た四塩化炭素（CCl_4）の静電ポテンシャルを示している．クロロホルムの静電ポテンシャルもほとんど同じである．これは塩素が第三周期の元素のため，最外殻の非共有電子対の電子が核から離れているので分散しており，核電荷を効率良く遮蔽できないためである．また，一つの炭素原子に多くの電子求引性の高い塩素原子が結合しており，一つの C–Cl 結合に着目すると，残りの CCl_2H が強い電子求引性基としてはたらき，塩素原子上の電子が他の官能基に引きつけられているためである．この塩素原子上の正電荷は σ ホール（σ-hole）と呼ばれ，3.6 節で述べるハロゲン結合の形成に重要である．

つづいて，ジエチルエーテルを溶媒にすると，今度は α_S がとても小さく，領域 III と IV が無くなってしまう（図 **3.36**(d)）．これはジエチルエーテルに水素結合のドナーとなる部位が存在せず，α_S 値が小さいためである．一方，ジエチルエーテルの酸素原子が水素結合のアクセプターとしてはたらくため，β_S 値は中間的な値を示し，領域 I と II がつくられたのである．

最後に，水溶媒中における状態を図 **3.36**(e) に示す．先に見た三つの溶媒では，どれも領域 III は無かったが，水では四つの領域全てが現れる．水分子は二つの水素原子が水素結合のドナーとして，また酸素原子がアクセプターとしてはたらくため，α_S 値も β_S 値も中間的な値を示す．また，繰返しになるが，領域 III は溶質（DH, A）間の相互作用が弱く，溶媒間の相互作用が強いために，式 (3.30) で右辺の S⋯S の形成が有利にはたらく．その結果として，DH⋯A が形成される状況である．そのため，水分子に対して，水素結合のドナーとしてもアクセプターしてもはたらかない溶質が存在すると，水分子間の水素結合が優先し，溶質間に有効な静電相互作用が無くても自発的に結合することを意味する．次節で見るように，水分子は分子間の水素結合により，ネットワーク構造を形成する．水分子の一つの水素原子をメチル基に置き換えたメタノールでは（図 **3.36**(f)），驚くことに領域 III はとても小さくなり，ほとんど無くなってしまう．

3.5 疎水効果

前節で見たように,水分子は適度な水素結合のドナー定数 (α) とアクセプター定数 (β) をもつことから,これらよりも小さな α, β 値をもつ溶質を水に溶かすと,溶質間で集合化する.一般的に,このような条件を満たす溶質は水素結合のドナー性もアクセプター性も低い.また α と β がその分子の静電ポテンシャルに依存することをふまえると,水中で集合化する溶質分子の静電ポテンシャルは中性に近く,これらの間にはたらく主な相互作用は分散力である.このような分子は非極性のアルカンや芳香族分子で,確かに油が水に溶けずに分離することは良く知られた現象である.

また,疎溶媒領域はもつ溶媒は水ぐらいで(図 3.36(e)),水分子の一つの水素をメチル基に置き換えただけで,疎溶媒領域はほとんどなくなってしまう(図 3.36(f)).このように,水は他の液体に比べて異常な性質を示す.そこで,はじめに水の性質を少し詳しく見てみよう.

3.5.1 水の構造

水分子(H_2O)は折れ曲がった構造で,酸素原子上に非共有電子対がある(図 3.37(a)).一般式 AH_2 で表される分子(A は典型元素)には直線型の分子と折れ曲がった分子が存在し(図 3.37(b)),どちらの構造になるかは,元素 A の電子数に依存する.分子構造を推測する(もしくは説明する)方法はいくつかあるが,混成軌道と分子軌道の二つの考え方から考察してみよう.

(1) 混成軌道の考え方

はじめに,**混成軌道**(hybridized orbital)の考え方を使って説明してみよう.酸素原子は $1s^2 2s^2 2p^4$ の電子配置をもつことから,化学結合に関わる最外殻($2s^2 2p^4$)に存在する電子(**価電子**(valence electron))の数は六つである.また,水素は $1s^1$ の電子配置である.したがって,水分子の O–H 結合に関わる原子軌道は酸素原子の 2s, 2p($2p_x, 2p_y, 2p_z$)軌道と水素原子の 1s 軌道である.結合に関わる総電子数は酸素原子からの六つと二つの水素原子からの二つで,合計八つである.貴ガス(He, Ne, Ar, Kr, Xe)は最外殻電子が完全に充填されているために(これを**閉殻**(closed shell)という),安定である.これを分

子に拡張すると，分子中の各原子について閉殻になるような電子配置が安定である．この考え方に基づいて水分子の水素原子および酸素原子が閉殻になると安定である．水素原子は1s軌道が関わるので，ヘリウム（$1s^2$）と同じように1s軌道に二つの電子が充塡された状態が閉殻で，一方，酸素原子は同じ周期のNe（$2s^2 2p^6$）と同じように八電子が充塡された状態で安定である．ここで，水分子の形成では水素原子と酸素原子から電子を提供しあって，共有結合を形成するため，結合に関わる電子は水素，酸素それぞれで二回数えて良い．これに基づいて水素および酸素原子がともに閉殻になるように電子を配置すると，図3.37(c) に示す**ルイス構造**（Lewis structure）ができる．これを見ると，酸素原子上には二つの非共有電子対が存在する．つづいて，このルイス構造をもとに，水の折れ曲がり構造を考えよう．ここで，考慮すべきことは中心にある酸素原子周りに存在する二つのO–H結合と二つの非共有電子対間の反発である．酸素原子周りに存在する四つの電子対間の反発を最小にする配置は，四つの電子対を正四面体の頂点方向に向けることである（図3.37(d)）．また，O–H結合と非共有電子対はともに二電子が関わるが，O–H結合の電子は酸素と水素原子間で共有され，一部水素原子にも広がっているが，非共有電子対は酸素原子上に局在化しているため，酸素原子周りの電子反発を考えると，非共有電子対の方が大きな寄与がある．これをふまえ，水分子では非共有電子対とO–H結合の間の電子反発を抑えるように，H–O–H角は理想的な正四面体構造の角度（109.5°）よりも少し狭く106°である．

電子反発を最小に抑える配置は，中心原子の周りの電子数に応じて変わる（図3.37(e)）．BeH_2 は H_2O と同じく AH_2 型の分子だが，直線構造である．Beの電子配置は $1s^2 2s^2$ であり，価電子の合計は4で，ルイス構造はH:Be:Hとなり，Be周りには二つの電子対しかないので，これらの電子反発を最小にする構造は直線で，確かに実際の構造と一致する．このような考え方は**原子価殻電子対反発則**（Valence Shell Electron Pair Repulsion rule：VSEPR rule）といい，典型元素からなる分子の構造を推測する簡便な方法であるが，例外もある．

つづいて，VSEPR則で得られた結果をもとに，水分子のO–H結合や非共有電子対に関わる軌道を考えよう．水分子の形成に関わる酸素原子の原子軌道は $2s, 2p$（$2p_x, 2p_y, 2p_z$）である（図3.38(a)）．三つの2p軌道はエネルギーも軌道の形も同じだが，2s軌道は2p軌道と比べエネルギー準位も形も異なる．

3.5 疎水効果

しかし，これら四つの軌道から二つの等価な O–H 結合と二つの非共有電子対がつくられている．どのようにすれば二種類の異なる 2s および 2p 軌道から O–H 軌道と非共有電子対に相当する軌道をつくることができるだろうか．これを解決するために考えられたモデルが**混成軌道**である．二つの O–H 軌道と非共有電子対は化学的に異なるが，酸素原子に着目すれば，いずれもそれぞれ二つの電子対を収納する軌道である点で変わりはない．そこで酸素原子の 2s, 2p ($2p_x, 2p_y, 2p_z$) 軌道を混ぜ合わせ，四つの等価な軌道（これを**混成軌道**と呼ぶ）をつくることにする（図 **3.38**(b)）．ここでは一つの 2s 軌道と三つの 2p 軌道を混ぜ合わせるので，できあがった軌道は 2s 軌道と 2p 軌道を 1:3 の割合で混ぜ合わせたものであり，2p 軌道の性質が強い．1:3 で混成したことがわかるように，これを sp^3 混成軌道と表記する（図 **3.38**(c)）．この他，混成率の異なる混成軌道として，sp 混成軌道（1:1 の混成率）と sp^2 混成軌道（1:2 の混成率）がある．

酸素原子の 2s 軌道と 2p 軌道を混成すると，図 **3.38**(c) に示すように p 軌道の片方のローブが大きくなる．一つの 2s 軌道と三つの 2p 軌道を混成させたので，できる sp^3 混成軌道の数は四つで，これらに電子が充填された状態を考えよう．

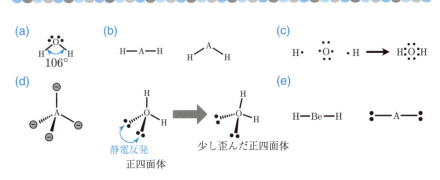

図 **3.37** **(a)** 水分子の構造．(‥) は非共有電子対を表す．**(b)** AH_2 型分子には直線と折れ曲がりの二種類の構造がある．**(c)** H_2O のルイス表記．**(d)** 電子反発に基づく水分子の折れ曲がり構造の解釈．**(e)** BeH_2 は最外殻電子の総和が 4 で二つの Be–H 結合の電子反発を抑えるように直線構造になる．

軌道のローブの大きさは電子密度と関連しているので，大きなローブは電子の存在確率が高いことを示している．そのため，大きなローブ間の電子反発を避けるように，四つの sp^3 混成軌道を配置すると最も安定で，これは VSEPR 則の考え方と同じである（図 3.37(d)）．したがって，sp^3 混成軌道の場合，正四面体の頂点方向に大きなローブを向ける配置が有利である（図 3.38(b)）．この四つの sp^3 混成軌道に酸素原子の六つの価電子を充填すると，二つの sp^3 混成軌道に電子対が充填される．これが水分子の**非共有電子対**（nonbonding orbital）に相当する．一方，O–H 結合は sp^3 混成軌道と水素の 1s 軌道からつくられる．sp^3 混成軌道と 1s 軌道を重ね合わせると，同じ位相を重ねる場合と位相の異なるローブを重ねる場合の二通りが考えられ，前者により生成する軌道が**結合性軌道**（bonding orbital）で安定化し，後者が**反結合性軌道**（antibonding orbital）で不安定化する．

(2) 分子軌道

水分子の折れ曲がった構造を説明する別の考え方は**分子軌道**（molecular orbital）に基づくものである．混成軌道の形成では，酸素の 2s, 2p 軌道を混ぜ合わせて仮想的に sp^3 混成軌道をつくったが，分子軌道の考え方では，分子中の電子は原子に束縛されずに分子全体に広がっていて，これらの電子が存在する軌道，すなわち分子軌道は原子軌道の線形結合で表されると考える（1.2 節）．そこで，水素および酸素の原子軌道の一次結合として水分子の分子軌道を表す．

水分子の分子軌道を考える場合，二つの等価な水素原子からなる H–H（H$_2$ グループ）と酸素原子に分割し，両者の軌道間の相互作用を考える（図 3.39(a)）．はじめに，H$_2$ グループの軌道を考えよう．これは水素分子の二つの水素原子を引き離したもので，水素分子の分子軌道と似ている．水素分子の形成に関わる軌道は球状の 1s 軌道のみである．ここで，分子軌道の数は，もととなる原子軌道の数と同じで（1.2.1 項），水素分子の分子軌道は二つである．また，分子軌道は原子軌道の線形結合で表されるので，水素原子の 1s 軌道を χ_s で表すと，二つの分子軌道（ϕ_+ と ϕ_-）は式 (3.32) および (3.33) で表される．

$$\phi_+ = c_1 \chi_s + c_2 \chi_s \qquad (3.32)$$

$$\phi_- = c_3 \chi_s - c_4 \chi_s \qquad (3.33)$$

ここで，c_1 から c_4 は各軌道の係数である．軌道のエネルギー準位図を示すと，

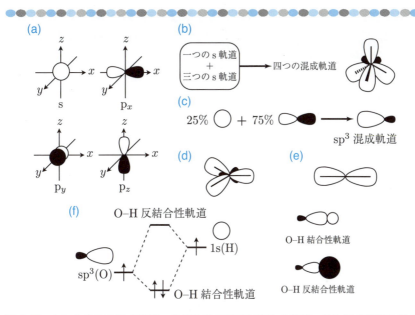

図 3.38 (a) 水分子の混成軌道，分子軌道の形成に関わる軌道．(b) 混成軌道の考え方．(c) sp^3 混成軌道では，s 軌道と p 軌道を 1 : 3 で混合するため，p 軌道の性質の方が強い．(d) s 軌道と p 軌道を 1 : 2 で混合することで sp^2 混成軌道ができ，三つの sp^2 混成軌道の間の電子反発を避けるために平面三角形になる．(e) s 軌道と p 軌道を 1 : 1 で混合すると sp 混成軌道ができ，電子反発を避けるように直線状になる．(f) 混成軌道と水素の 1s 軌道の相互作用から生成する結合性軌道と反結合性軌道．

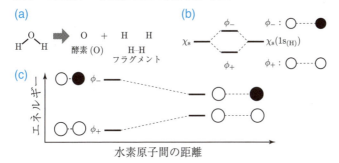

図 3.39 (a) 水の分子軌道をつくるために，酸素と H⋯H のフラグメントに分割して考える．(b) H⋯H フラグメント軌道の形成．(c) H⋯H の距離と二つのフラグメント軌道（ϕ_+, ϕ_-）のエネルギーの関係．

図 3.39(b) のようになる．つづいて，分子軌道の概略図を作成しよう．これも混成軌道で見たときと同じように，二つの 1s 軌道を重ね合わせれば良い．ϕ_+ 軌道では，同じ位相の二つの 1s 軌道を重ね合わせ，一方，ϕ_- 軌道では反対の位相を重ね合わせる．ϕ_- 軌道の特徴は一つの節面が存在することである．分子軌道の安定性と節の数には相関があり，節が多いほど分子軌道は不安定だと推測できる．また，ここでは二つのエネルギーが等しい（今回は化学的にも等価な）1s 軌道間の相互作用を考えているので，二つの原子軌道の分子軌道への寄与は等しく，$c_1 = c_2$, $c_3 = c_4$ で，各ローブの大きさは同じである．

H_2 グループは水素分子の二つの水素原子を引き離したものである．そこで，H_2 グループの分子軌道の安定性と二つの水素原子間の距離との相関を調べてみよう．ここでは，二つの原子軌道のエネルギーが等しいので，式 (1.5) を使う．そのため二つの水素原子が離れるほど，安定化エネルギー（ΔE）は低下し，結合性軌道と反結合性軌道が近づき，図 3.39(c) に示す相関図ができる．ここで，横軸は二つの水素原子間の距離である．このように，原子間の距離や角度など，原子の相対位置の変化による分子軌道のエネルギー変化を示した図を**ウォルシュの相関図**（Walsh diagram）と呼ぶ．

さて，H_2 グループの軌道（ϕ_+ と ϕ_-）をつくることができたので，これらを酸素の原子軌道と相互作用させ，分子軌道を作成しよう．ここで，図 3.40(a) に示す座標系を考える．水分子は折れ曲がった構造だが，その理由を考えるため，折れ曲がり構造と直線構造の電子配置を比較する．

式 (1.3), (1.5) からわかるように，重なり積分 S がゼロのとき $\Delta E = 0$ で，軌道間の相互作用は起こらない．したがって，はじめに H_2 グループの軌道（ϕ_+ と ϕ_-）と酸素原子の原子軌道の間で $S \neq 0$ でない組合せを探す．次にそれらの軌道間のエネルギー差からその軌道間の相互作用の寄与を判断すれば良い．

まず，解析が簡単な直線構造を考えよう（図 3.40(b)）．ϕ_+ 軌道と相互作用できる酸素の原子軌道は s 軌道のみである．一方，ϕ_- 軌道は $2p_x$ 軌道とのみ相互作用する．$2p_y$, $2p_z$ 軌道はどれとも相互作用しないので非結合性軌道になる．ϕ_+ と s 軌道，ϕ_- と $2p_x$ 軌道それぞれから結合性軌道と反結合性軌道が一対ずつ形成される．次に各軌道の概略図を作成すると図 3.40(c) のようになる．軌道の概略図から安定性の順番を推測し，最後に八つの価電子を充填すると，エネルギー準位図（図 3.40(c)）が完成する．次に，これらの分子軌道の化

3.5 疎水効果

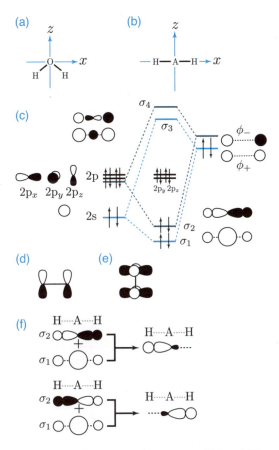

図 3.40 (a) H_2O に対する座標．(b) 直線型 AH_2 に対する座標．(c) 直線型 AH_2 の分子軌道のエネルギーダイアグラム．H_2O と同じ数の電子を充填している．(d) π 結合の模式図．(e) δ 結合の模式図．(f) 分子軌道と局在化した軌道（混成軌道）との関係．

学的な意味を考えよう．各分子軌道は σ_1, σ_2 軌道などと示されている．ここで，$\overset{\text{シグマ}}{\sigma}$ はその分子軌道が σ 軌道であることを表している．σ 軌道とは，その軌道を結合軸に対して回転させたときに，位相の変化が無いことを意味し，別の言い方をすれば，結合軸を含む節面が存在しない軌道である．一方，C=C 二重結合に見られる $\overset{\text{パイ}}{\pi}$ 軌道は，図 3.40(d) に示すように，二つの p 軌道が並んで相互作用し，結合軸を含む一つの節面がある．さらに結合軸を含む二つの節面をもつ分子軌道もあり，これを $\overset{\text{デルタ}}{\delta}$ 軌道と呼ぶ．δ 軌道は図 3.40(e) に示すように d 軌道間の相互作用により形成し，遷移金属間の結合に見られる．

電子が充填された軌道のうち，σ_1 と σ_2 軌道はそれぞれ H_2 グループと酸素の 2s および $2p_x$ 軌道からなる結合性軌道で，これらが二つの O–H 結合を表現している．ここで，化学構造を見ると，二つの O–H 結合は化学的に等価である．しかし，分子軌道を見ると，これらを表現する軌道（σ_1 と σ_2）はその形もエネルギーも異なる．このように構造と分子軌道の間に見られる関係は直観的に理解しにくい．ここで，分子軌道を見ればわかるように，σ_1 も σ_2 も全ての原子上に軌道の係数があり，これらがどちらの O–H 結合に相当するかという対応がつかない．分子軌道では電子が分子全体に広がっており，各電子を各結合にそれぞれ割り当てられる訳ではない．実際，分光学的な測定から，直線分子の二つの結合に関わる軌道のエネルギーが異なることがわかっており，この分子軌道の理解は実験結果とも一致する．一方，前に見た混成軌道による軌道の解析では（図 3.38），二つの O–H 結合に関わる軌道は等価であったので，このモデルは正しい表現ではない．しかし，化学現象の中には，仮想的に局在化した軌道を考えた方が理解しやすい場合もあり，現在でも混成軌道を使って考えることがある．次の手順によって，分子軌道からある結合に局在化した軌道をつくることができる．σ_1 と σ_2 軌道を重ねると，片側の O–H 結合に大きな軌道の係数が現れ，他方は消えてしまう（図 3.40(f)）．同様に，片方の軌道の位相を反転させれば，もう一方の O–H 結合に大きな軌道の係数が現れる．このようにしてできた「局在化させた軌道」の表現は混成軌道と同じような形をしており（図 3.38(f)），分子軌道と混成軌道を関係づけることができる．

エネルギー準位図（図 3.40(c)）を見ると四つの電子は非結合性軌道の酸素の $2p_y, 2p_z$ 軌道に充填されており，これらが酸素原子上の非共有電子対に相当する．

3.5 疎水効果

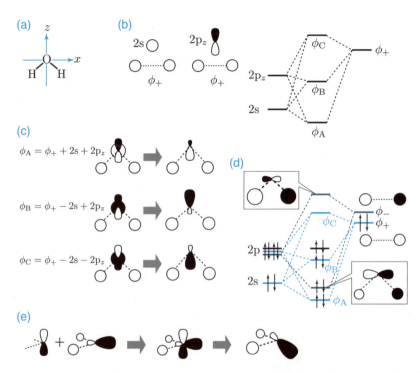

図 3.41 **(a)** H_2O に対する座標. **(b)**, **(c)** ϕ_+ グループ軌道と酸素原子の $2s, 2p_z$ 軌道との相互作用のエネルギー準位図 **(b)** と各分子軌道の模式図 **(c)**. **(d)** H_2O の分子軌道のエネルギー準位図. **(e)** ϕ_B 軌道と n 軌道（$2p_y$）から混成軌道に対応する非共有電子対の軌道をつくることができる.

つづいて，折れ曲がり構造を考えよう（図 3.41）．まず ϕ_+ と相互作用できる酸素の原子軌道は 2s 軌道と $2\mathrm{p}_z$ 軌道である（図 3.41(b)）．これは直線型の場合と異なり，合計三つの軌道が相互作用し，三つの分子軌道ができる．すでに説明したように（1.2 節），ここで注意すべきことは，考えるべき軌道間の相互作用は，ϕ_+ と 2s，ϕ_+ と $2\mathrm{p}_z$ であって，同じ酸素原子の 2s と $2\mathrm{p}_z$ 軌道間の相互作用ではないということである．ϕ_A は，三つの分子軌道の中で最も安定なので，ϕ_+ と 2s の相互作用も ϕ_+ と $2\mathrm{p}_z$ の相互作用も結合性になるはずで，簡便のため各軌道の係数 (c) を省略すれば，式 (3.34) で表される．

$$\phi_\mathrm{A} = \phi_+ + 2\mathrm{s} + 2\mathrm{p}_z \tag{3.34}$$

繰返しになるが，この式には $\phi_+ + 2\mathrm{s}$ と $\phi_+ + 2\mathrm{p}_z$ という関係が潜っている．

つづいて，最も不安定な分子軌道 ϕ_c は，ϕ_+ と 2s の相互作用も ϕ_+ と $2\mathrm{p}_z$ の相互作用も反結合性になれば良く，すなわち $\phi_+ - 2\mathrm{s}$ と $\phi_+ - 2\mathrm{p}_z$ ということで，この関係をまとめれば式 (3.35) が得られる．

$$\phi_\mathrm{c} = \phi_+ - 2\mathrm{s} - 2\mathrm{p}_z \tag{3.35}$$

ここでも，各軌道の係数は省略されている．最後に，中間的な安定性の分子軌道 ϕ_B を考えよう．この軌道は 1.2 節で見たように，ϕ_+ と 2s が反結合的に相互作用すると，そのエネルギーは ϕ_B に近づく．同様に ϕ_+ と $2\mathrm{p}_z$ が結合的に相互作用すると，ϕ_B のエネルギーへ近づくため，ϕ_B は $\phi_+ - 2\mathrm{s}$ と $\phi_+ + 2\mathrm{p}_z$ という相互作用からなり，まとめると式 (3.36) になる．

$$\phi_\mathrm{B} = \phi_+ - 2\mathrm{s} + 2\mathrm{p}_z \tag{3.36}$$

ここでは，酸素の 2s および 2p 軌道と水素の 1s 軌道のエネルギー準位をもとに，三つの分子軌道の概形図を作成してみよう．1.2.1 項で見たように，分子軌道に近い原子軌道の寄与の方が大きいので（つまり軌道の係数が大きい），図 3.41(c) に示すように各分子軌道の模式図を描くことができる．

つづいて，ϕ_- 軌道と相互作用する酸素の原子軌道は $2\mathrm{p}_x$ で，これらから結合性軌道と反結合性軌道ができる．これは直線構造ととても似ている．酸素の $2\mathrm{p}_x$ 軌道の方が水素の 1s 軌道よりもエネルギーが低いので，結合性軌道への寄与は $2\mathrm{p}_x$ 軌道の方が大きく，反結合性軌道については，1s 軌道の寄与が大きい．全てをまとめ，各分子軌道のエネルギーの順序を決め，最後に八つの価電子を下から充填すると基底状態におけるエネルギー準位図が完成する（図 3.41(d)）．

電子が充填されている軌道のうち，ϕ_A と σ_+ が二つの O–H 結合に関わり，直線構造と同様，二つの軌道の形もエネルギーも異なる．その上にある ϕ_B 軌道と n 軌道はそれぞれ酸素の非結合性軌道である．ϕ_B 軌道には水素と酸素原子の間に結合性の相互作用があり，結合性軌道ではあるが，その重なりはとても小さく，非結合性軌道と呼ぶ方が適切である．次に，この二つの非結合性軌道から，局在化した軌道を作成しておこう．ϕ_B 軌道と n 軌道を重ね合わせると，二つの局在化した軌道ができ（図 **3.41(e)**），これは混成軌道のモデルと似た軌道で，二つの非共有電子対が，正四面体の頂点方向を向いている．

直線構造と折れ曲がり構造の分子軌道を作成できたので，両者を比較し，折れ曲がり構造が安定な理由を考えよう．構造の安定性は電子の安定化で決まることはすでに述べた．すなわち，エネルギー準位の低い軌道に電子が充填されるほど安定である．また，本来は全ての電子のエネルギーの総和を比較するべきだが，定性的には上の方の軌道にある電子を比べるだけで安定性を議論できることが多い．そこで，ここでは非結合性の軌道に充填されている四つの電子に着目する．直線構造では，四つの軌道は非結合性の $2p_y, 2p_z$ 軌道に充填されているが（図 **3.40(c)**），折れ曲がり構造では，二つの電子は直線構造と同じエネルギーにある n_{2p_y} 軌道に充填されており，安定性は変わらないが，残りの二つは $2p_z$ 軌道よりも安定な σ_3 軌道に充填されている（図 **3.41(d)**）．このため直線構造に比べ，折れ曲がり構造の方が電子の安定化が大きい．これが水分子が折れ曲がり構造を取る分子軌道に基づく解釈である．

3.5.2 水中における水素結合

水分子の静電ポテンシャル表面を見ると，二つの水素原子上に正電荷が，酸素原子上に負電荷が存在する．これは混成軌道や分子軌道で解析した結果からの予想と一致する．水中では水分子は最大四つの水分子と四つの水素結合を形成できる（図 **3.42(a)**）．液体の水一分子あたりどれだけの水素結合を形成しているかは，いろいろな測定やシミュレーションによって調べられている．だが，測定手法によりばらつきがあり 2 から 4 であるが（図 **3.42(c)**），3.3 個というのが良く使われている．いずれの測定でも温度が上がると，水素結合の数は減少する傾向にあるが，高温でも一部の水素結合は残っている．

水の水素結合は協同的にはたらいている．理論計算によると，水分子が水素結

合を形成し，大きなクラスターを形成するほど，水分子の双極子モーメントが大きくなる．一分子の水の双極子モーメントは 1.86 D だが，クラスターを構成する水分子の数が増えるにつれて，双極子モーメントは大きくなり，六つからなるクラスターで 2.7 D に達し，それ以降大きな変化は見られない（図 3.42(d)）．また，水素結合における O–O 間距離を調べると，クラスターを構成する水分子の数が増すにつれて，O–O 間の平均距離が短くなる（図 3.42(e)）．いずれの結果も，クラスターを構成する水分子の数が増すにつれて，水素結合が強固になっていることを示しており，これは分極の効果である（3.4.4 項）．

多数の氷の結晶が知られているが，中でも正四面体型に水分子が水素結合を形成した I_h が最も代表的な構造である（図 3.42(b)）．液体の水でも多くの水素結合が残っていることからわかる通り，液体の水は他の液体に比べかなり構造化した状態にある．分散力しかはたらかないアルゴンと水について，融点付近における動径分布関数を比べると（図 3.43(a)），水はアルゴンに比べて，第一ピークの幅が狭く，より構造化していることがわかる．これは水の蒸発エントロピーが 109 J mol^{-1} K^{-1} と他の液体の蒸発エントロピー（70～90 J mol^{-1} K^{-1}）より大きい事実とも一致する．また，動径分布関数の第一ピークの面積から最近接している水分子の数を調べると 4.4 個で，正四面体構造に近いことがわかる．一方，アルゴンでは，最近接しているアルゴンは 10 個で，これは最密充填における 12 個に近く，アルゴンが方向性の乏しい分散力で集まっていることと良い一致を示している．また，水では，温度を上げても近接する分子の数はそれほど変化しないが，アルゴンでは急激に低下する（図 3.43(b)）．これは水では分子間に水素結合がはたらいているため，配向性の高い構造が広い温度範囲で維持されているためである．

液体の水の温度を上げると，分子間の水素結合が切断されていく．しかし，図 3.43(b) に示すように，沸点付近でも 50% 近くの水素結合が維持されており，融点付近における水素結合の形成率と比較すると，20% くらいの減少しか見られない．さて，水素結合で構造化された水と，孤立した水分子の間に，いくつかの状態が存在するのだろうか．これについては二つの説がある．一つ目は図 3.44(a) に示すように，構造化された水と単独の水分子の二状態しか存在しないというモデル（**二状態モデル**（two state model））である．この説を支持する実験結果は，重水（D$_2$O）を水に混ぜ，ラマン分光で O–D 結合の振動伸縮

3.5 疎水効果

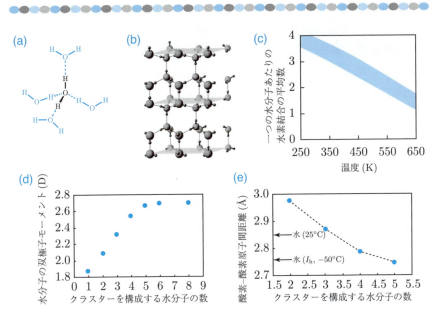

図 3.42 **(a)** 水分子は周囲にある四つの水分子と水素結合を形成する．**(b)** 氷の結晶の一つである I_h の模式図．**(c)** 液体の水中の一つの水分子あたりの水素結合の数の平均値と温度の関係．**(d)** クラスターを構成する水分子の数と水分子の分極の関係．**(e)** 水クラスターを構成する水分子の数と分子間の O⋯O 間距離（Å）の関係．

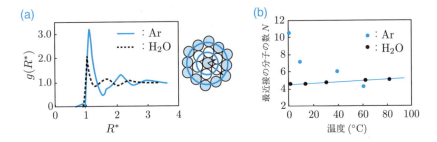

図 3.43 **(a)** 水およびアルゴン（Ar）の動径分布関数（$g(R^*)$）．R^* は r/σ で表され，r は X⋯X 間距離（X は O もしくは Ar），σ は水では 2.82 Å，Ar では 3.4 Å．**(b)** 水とアルゴンにおける最近接の分子の数の温度依存性．

の温度変化を調べると，25°C では 2500 cm^{-1} にピークが観測され，高圧下 400°C では，2650 cm^{-1} へシフトし，このスペクトルの変化が一つの交点（これを**等吸収点**（isosbestic point）と呼ぶ）を維持するという事実に基づく（**図 3.44**(b)）．例えば，A $\rightleftarrows$ B という平衡系で，ある波長における A と B のモル吸光係数が等しいと，その波長における吸光度は A と B の割合に依存せずに一定である．一方，三つ以上の成分が平衡にあるとき（A $\rightleftarrows$ B $\rightleftarrows$ C など），三種のモル吸光係数が偶然一致する波長があることは極めて稀でまず起こりえないので，等吸収点が観測された場合，その系が二状態であることを示す証拠として使われる．

液体の水のもう一つのモデルは，**連続モデル**（continuum model）と呼ばれ，一つの水分子に着目すると，周囲にある四つの水分子との間で形成される水素結合の数で五つの状態があるとするものである（**図 3.44**(c)）．

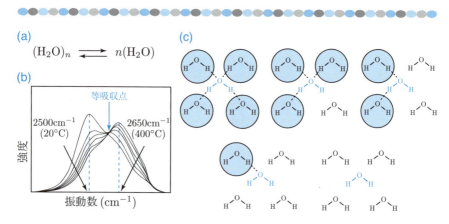

図 3.44 **(a)** 液体の水の二状態モデル．**(b)** 液体の水のラマン分光測定の温度変化．**(c)** 液体の水の連続モデルの模式図．

3.5 疎水効果

表 3.6 酸素と同族の AH_2 分子の融点と沸点.

AH_2	融点(°C)	沸点(°C)
H_2O	0	100
H_2S	−82	−60
H_2Se	−65.7	−41.3
H_2Te	−49	−2

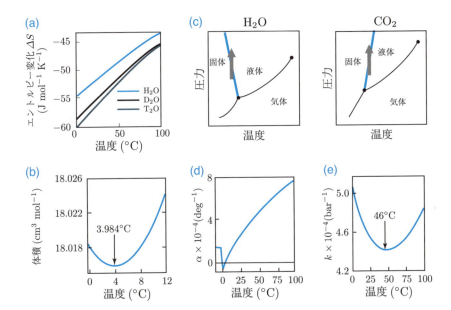

図 3.45 (a) H_2O, D_2O, T_2O のエントロピー変化と温度の関係. (b) H_2O の密度の温度変化. (c) H_2O と CO_2 の相図. (d) H_2O の熱膨張率の温度変化. (e) H_2O の等温圧縮率の温度変化.

3.5.3　水の異常性

　水の特異な性質は水分子間に形成される水素結合と深い関わりがある．ここでは，水が他の液体と比べて特異な点を見ていく．これらの特異な性質の中には未だに説明できないものもある．

■**水の融点，沸点**　AH_2 で表される分子を比較すると，水がかなり特別であることがわかる．酸素と同族の A（S, Se, Te）についてみると，通常 A の原子番号が大きくなるにつれて，融点も沸点も高くなるが，水はこの傾向から逸脱して，最も融点も沸点も高い（表 **3.6**）．これは AH_2 間にはたらく A–H 水素結合の中で O–H が特別に強いためである．事実，これらの AH_2 について，蒸発エンタルピーを比較すると，水は他の三つに比べてかなり大きく，分子間の相互作用がとても強いことがわかる．これは前に見た水素結合が静電相互作用に基づき，第三周期以降の原子では，原子が大きくなり電子が分散し，大きな静電ポテンシャルが原子表面に現れないためである．

■**水の誘電率，表面張力，熱容量**　水は誘電率が高く，イオンを良く溶かす．この理由の一つは水素結合に由来し，水素結合が分極性をもつためである．水の表面張力は 0.07 [N m^{-1}] でアルカンの 0.030 [N m^{-1}] と比べ倍以上もある．また，水のモル定圧熱容量（heat capacity：C_p）は小さい分子にしてはとても大きく，75.2 J mol^{-1} K^{-1} である．熱容量とは，ある 1 モルの物質の温度を 1°C 上げるために必要なエネルギーで，

$$C_\mathrm{p} = \left(\frac{\delta H}{\delta T}\right)_\mathrm{p}$$

で定義される．したがって，その物質がどれだけ化学結合にエネルギーを貯められるかという指標になる．水は水素結合のネットワークが強いため，水素結合にエネルギーを貯めることができるので，熱容量が大きい．

■**水の同位体** 水素には三つの同位体（H, D, T）が存在する．水素の同位体からなる三種類の水（H_2O, D_2O, T_2O）について，気相から液体の水へ移動する際のエントロピー変化（ΔS）の温度依存性を調べると（図 3.45(a)），重くなるにつれて ΔS が小さくなる（ΔS が負なので，絶対値が大きくなる）．これは重い同位体からなる水の方がより強く構造化されていることを示している．事実，D_2O の融点は 3.82°C で H_2O よりも 4°C 近く高い．核磁気共鳴分光測定では H_2O の代わりに D_2O が溶媒として使われることがあるが，水中にはたらく水素結合という観点では，D_2O は H_2O より構造化されており，全く性質が同じではないことをふまえる必要がある．

■**水の体積および圧力変化** 同じ物質で固体と液体を比べると，一般に固体の方が密に詰まっているため，固体の密度は液体に比べて高い．しかし，氷が水に浮くことからわかるように，固体の水（氷）の密度は液体の水に比べて低い．また，通常，温度が上昇すると密度は下がるが（単位モルあたりの体積は上昇する），図 3.45(b) に示すように，0°C から 4°C の範囲で，水の密度は温度上昇とともに上昇する．

通常，固体は液体に比べて密度が高いことからわかるように，温度一定の条件で，液体に圧力をかけると固体へ転移する．二酸化炭素（CO_2）の相図はこの性質を示し（図 3.45(c)），固–液の圧力 $P(T)$ の境界線は右肩上がりである．一方，水の相図を見るとその逆で，氷に圧をかけると液体に変化する．これは氷に比べ水の密度が高いという異常性を反映している．

圧力一定の条件で，物質に熱をかけて単位体積あたりどのくらいの体積変化が起こるかを示したものが**熱膨張率**（thermal expansion coefficient：α）で，式 (3.37) で定義される．

$$\alpha = \frac{1}{V}\left(\frac{\partial V}{\partial T}\right)_p \tag{3.37}$$

温度が上がれば，ほとんどの物質は膨張するが，中には縮む物質もある．水もその例外で，0°C 付近で熱膨張率が負である（図 3.45(d)）．

一方，一定の温度で物質に圧力をかけ，単位体積あたりの体積変化率を示したものが**等温圧縮率**（k）で，式 (3.38) で定義される．

$$k = \frac{1}{V}\left(\frac{\partial V}{\partial P}\right)_T \tag{3.38}$$

通常，温度が上がると，分子間の結合が弱まり，圧縮しやすくなり，等温圧縮率は大きくなるが，水では 0 から 46°C の間で，等温圧縮率は温度上昇に伴って低下する（図 **3.45(e)**）．また，小さな有機化合物と比べると水の熱膨張率も等温圧縮率もとても小さく，水が固体に近いことを示している．これは水が水素結合のネットワークにより，構造化されていることに由来する．

ここで見た水の異常な性質に対する解釈は明確でないところもあるが，次のように水の状態を仮想的に三つ（冷たい水，温かい水，沸点近くの熱い水）に分類して説明できる（図 **3.46**）．冷たい水は氷に近い．氷の一般的な構造（I_h）に見られるように，水分子は周囲の四つの水分子と水素結合を形成しダイヤモンドのような構造を形成する．そのため，最密充填した状態に比べると，各水分子は離れて位置しており，隙間の多い密度の低い構造である．これを温めると，一部の水素結合が切断され，この周囲の水分子は隙間に入り込み，冷たい水に比べ密度が増加し，膨張率が下がり，圧縮率も低下する．さらに温度を上げると，今度は水素結合の切断の割合が温度変化に対して大きくない割に，分子間にはたらく vdW 力の寄与が弱まり，通常の液体に見られるように，温度上昇に伴って密度が低下し，膨張率と圧縮率が増加する．これで全ての現象を説明できるわけではないが，水の異常な性質は水素結合のネットワーク構造と深い関わりがあることは確かである．

3.5.4 疎水効果

疎水効果はタンパク質の折りたたみ構造の形成や脂質膜の形成に重要であり，生命現象を理解するうえで欠かせない．これまで眺めてきた水の性質を踏まえ，疎水効果を考えよう．疎水効果を調べる一つの方法は水に対する炭化水素の溶解性で，これは気相中もしくは炭化水素の液体から水中へ炭化水素を移動させたときの自由エネルギー変化を調べることで評価できる．もう一つの方法は，疎水分子が水中で自己集合する系における自由エネルギー変化を調べることである．両者はともに疎水効果に基づくものだが，それぞれのエネルギー変化に対

する解釈は系の違いを反映して異なり,混乱を招くことがある.

炭化水素は水に溶けにくく,気相から水へ炭化水素を移動させると,自由エネルギー変化($\Delta G°$)は正で熱力学的に不利である.炭化水素(疎水分子)が水に溶ける現象を仮想的に次の二段階に分けて考える.

(1) 水中に空隙を形成する.
(2) 空隙に疎水分子を入れる.

すでに述べたが,液体中に空隙をつくると,空隙と液体との界面では溶媒分子間の相互作用が断ち切られ,熱力学的に不安定である.また (2) の段階では,疎水分子と水分子との間で相互作用(水和)がはたらく.この自由エネルギー変化は疎水分子の表面積と相関があり,単位面積($Å^2$)あたりの自由エネルギー変化は 0.02 から 0.05 [kcal mol^{-1} Å^2] である.また,n-オクタノールと水の二層系に疎水分子を加え,二層への分配率から有機官能基が及ぼす疎水効果を評価する方法がある.着目している官能基 R をもつ化合物とこれを水素に置き換えた参照化合物について,それぞれ分配係数を調べ,式 (3.39) により **疎水性定数**(π)を求める.

$$\pi = \log\left(\frac{K}{K_\circ}\right) \tag{3.39}$$

ここで,$K, K_\circ$ はそれぞれ,官能基 R がある場合とない場合の分配係数である.

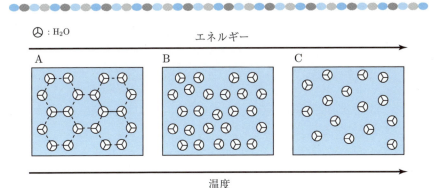

図 3.46 水の異常性に対する解釈の模式図.A, B, C はそれぞれ,A: 冷たい水,B: 少し温かい水,C: 熱い水の状態を誇張して示している.

このようにして求めたいくつかの有機官能基の疎水性を表3.7に示す．分子の表面積が広いほど，自由エネルギー変化が大きく，水に対する溶解が不利なことがわかる．炭素数が同じでも n-ブチル基はイソブチル基に比べ表面積が広いため，疎水性定数が大きい．このように疎水効果は分子の疎水表面積と関係がある．

(1) 小さな疎水分子における疎水効果

ここでは，比較的小さな疎水分子を水に溶解したときに起こる疎水効果を考える．ここで，有機層と水層の二相系に疎水分子を溶質として加え，二層にどのように分配するかを調べる（図3.47(a)）．このとき水層および有機層にある疎水分子の濃度をそれぞれ $C_{\text{sw}}, C_{\text{so}}$ とすると，分配係数 $(K(T))$ は $C_{\text{sw}}/C_{\text{so}}$ で，これより化学ポテンシャル変化 $(\Delta\mu(T))$ は式 (3.40) で表される．

$$\Delta\mu(T) = -RT \ln K(T) \tag{3.40}$$

また，$\Delta\mu(T)$ は溶媒和モルエンタルピー変化 (Δh) と溶媒和モルエントロピー変化 (Δs) と次式の関係がある．

$$\Delta\mu(T) = \Delta h - T\Delta s \tag{3.41}$$

また，モル定圧熱容量変化 (ΔC_{p}) は次式で定義されるので，

$$\Delta C_{\text{p}} = \left(\frac{\partial \Delta H}{\partial T}\right)_p = T\left(\frac{\partial \Delta S}{\partial T}\right)_p \tag{3.42}$$

Δh および Δs はそれぞれ次式で表される．

$$\Delta h(T) = \Delta h(T_{\text{h}}) + \int_{T_{\text{h}}}^{T} \Delta C_{\text{p}}\, dT' \approx \Delta C_{\text{p}}(T - T_{\text{h}}) \tag{3.43}$$

$$\Delta s(T) = \Delta s(T_{\text{s}}) + \int_{T_{\text{s}}}^{T} \frac{\Delta C_{\text{p}}}{T'} dT' = \Delta C_{\text{p}} \ln\left(\frac{T}{T_{\text{s}}}\right) \tag{3.44}$$

ここで，ΔC_{p} が温度に依存しないとしている．$T_{\text{h}}, T_{\text{s}}$ はある基準とする温度である．これらの式を式 (3.41) に代入すると，

$$\Delta\mu(T) = \Delta C_{\text{p}}\left[(T - T_{\text{h}}) - T\ln\left(\frac{T}{T_{\text{s}}}\right)\right] \tag{3.45}$$

となる．有機溶媒の ΔC_{p} は小さく，Δh も Δs も温度依存性が低く，ほぼ一定とみなせる（図3.47(b)）．一方，図3.47(c) に示すようにベンゼンを水に溶かした溶液では，Δh と Δs は温度に対して大きく変化する．しかし，化学

3.5 疎水効果

表 3.7 有機官能基の疎水性定数（π）と n-オクタノールから水へ移動することに伴う自由エネルギー変化（$\Delta G°$）

官能基	疎水性定数（π）	$\Delta G°$ (kcal mol^{-1})
–CH$_3$	0.5	0.68
–CH$_2$CH$_3$	1.0	1.36
–CH$_2$CH$_2$CH$_3$	1.5	2.05
–CH(CH$_3$)$_2$	1.3	1.77
–CH$_2$Ph	2.63	3.59

表 3.8 小さな疎水分子を水中へ溶解する際の熱力学的パラメーターの変化．

化合物	$\Delta \mu°$ (kJ mol^{-1})	$\Delta h°$ (kJ mol^{-1})	$\Delta s°$ (J mol^{-1}K^{-1})	$\Delta C_p°$ (J mol^{-1}K^{-1})
ベンゼン	19.38	2.08	−58.06	225
トルエン	22.80	1.73	−70.7	263
エチルベンゼン	26.19	2.02	−81.0	318
シクロヘキサン	28.12	−0.1	−94.8	360
ペンタン	28.50	−2.0	−102.8	400
ヘキサン	32.53	0.0	−109.1	440

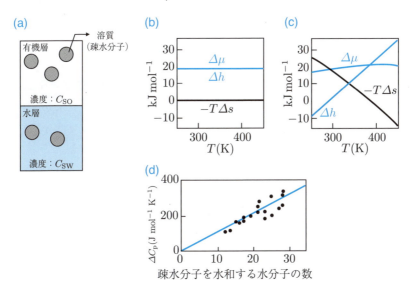

図 3.47 (a) 水層と有機層に疎水分子を溶かした状態．(b) 一般的な溶液の熱力学的パラメーターの温度変化は小さい．(c) 水に溶かしたベンゼンの熱力学的パラメーターは温度変化が大きい．(d) ΔC_p と疎水分子を水和する水分子の数の関係．

ポテンシャル（$\Delta\mu$）は，Δh と Δs の変化が相殺してあまり変化しない．室温付近では化学ポテンシャルに対するエンタルピーの寄与がとても小さく，エントロピーの効果が大きいことがわかる．表 3.8 に小さな疎水分子を水に溶解した際の熱力学パラメーターをまとめた．いずれも疎水分子の溶解はエントロピー的に不利で，さらに ΔC_p が大きな正の値を示す．後で再び議論するが，疎水効果を評価するうえで ΔC_p が良く用いられる．また，図 3.47(d) に示すように，ΔC_p は疎水分子の表面積，すなわち疎水分子の水和水の数と直線関係がある．

　この大きなエントロピー変化を考えよう．小さな疎水分子が水に溶けるとき，疎水分子は水分子の水素結合を大幅に壊すことなくネットワークの中に入り込むことができる．このような現象はメタンハイドレートに代表されるように，天然ガスの包接構造に見られる．したがって，小さな疎水分子が水に溶ける場合，水素結合の切断が多少起こっても，疎水分子の周囲に存在する第一層目の水分子は強く構造化され，エンタルピー的に大きな不利にならない．一方，これに伴ってエントロピー的な損失が起こる．理論計算によると，小さな疎水分子を取り巻く第一層の水分子は，周囲の水分子との水素結合を減らさないように，その配向が強く抑制されることが示されている．

　疎水分子が存在するとどのくらいのエントロピーの損失が起こるか考えてみよう．水分子が正四面体構造を形成しているとすると，図 3.48 に示すように，正四面体の中心に位置する水分子の周りには正四面体の各頂点に水分子が存在し，この四つの水分子と水素結合を形成する．例えば，中心にある水分子が，周囲にある二つの水分子（図では A と B）と水素結合を形成すると，二つの水素原子は正四面体の辺の番号 1 の方を向いている．したがって，中心にある水分子が周囲の四つの水分子と水素結合を形成する可能な数は，正四面体の辺の総数と等しく 6 である．ここで，疎水分子を D の位置に置く場合を考えよう．すると，中心にある水分子は水分子 A, B, C と水素結合を形成できるので，疎水分子によって水素結合の数は減らないが，可能な数は 3 に減る．したがって，小さな疎水分子が水に溶けると，半分の自由度を失い，これを損失するエントロピーに換算すると，式 (3.46) で表される．

$$\Delta S = k_\mathrm{B} N_\mathrm{A} \ln \left(\frac{W_\mathrm{shell}}{W_\mathrm{bulk}} \right) = k_\mathrm{B} N_\mathrm{A} \ln \left(\frac{1}{2} \right)^n \tag{3.46}$$

3.5 疎水効果

ここで，k_B はボルツマン定数（1.380×10^{-23} [J K^{-1}]），N_A はアボガドロ定数（6.02×10^{23} [mol^{-1}]）である．W_{shell}, W_{bulk} は，それぞれ疎水分子を溶解したときと，疎水分子が無いときの水素結合を形成する場合の数で，n は疎水分子の周りに存在する第一層の水分子の数である．例えば，メタンの水和水は 17 個なので，水和によるエントロピー変化は -98 J K^{-1} mol^{-1} に相当する．

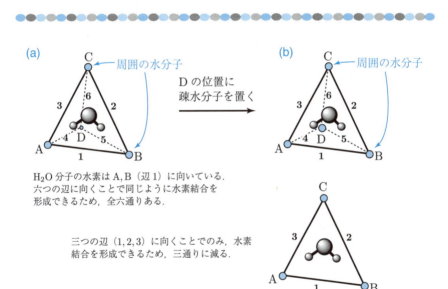

図 3.48 **(a)** 中心に位置する水分子の周りには，正四面体の頂点に水分子が存在し，水素結合を形成し，中心の水分子の配向は六通りある．**(b)** 四面体の頂点の一つ（D）を疎水分子に置き換えると，中心の水分子が水素結合を減らさないように配向する可能な数は三通りに減る．

(2) 疎水効果における折りたたみ構造の形成：フォールディング

つづいて，コンフォメーションの自由度をもつ疎水分子が水中で取る構造を考えよう．鎖状アルカンは炭素鎖がジグザグになった**アンチ**（anti）**型**が安定である．例えば，n-ブタンは気相中で70％がアンチ型で30％が**ゴーシュ**（gauche）**型**である（図 3.49）．これを水に溶かすと，アンチ型とゴーシュ型の比率は55:45になり，ゴーシュ型の割合が増える．これは n-ブタンができるだけ水との接触面積を減らすように折りたたまれたためで，同様の構造の変化が，タンパク質が水中で折りたたみ構造を形成する際にも起こる．

(3) 疎水効果による分子の集合化

次に，疎水分子が水中で集まる場合を考えよう．疎水分子は水に対する溶解性が低いが，疎水部と親水部を併せもつ**両親媒性分子**（amphiphilic molecule）は水に溶解し集合体を形成する．図 3.50(a) に示すように，長いアルキル鎖の末端に親水性のカルボキシ基を導入した分子を水に溶かすと，親水部を外に向けて集合化し，**ミセル**（micelle）を形成する．ミセルは，両親媒性分子がある濃度以上のときに形成し，これを**臨界ミセル濃度**（critical micelle concentration）と呼び，ミセルの安定性を評価する一つの指標である．ミセルは動的な特性を示し，ミリ秒オーダーで両親媒性分子の脱着が起こる．また，水分子がミセルの疎水領域に入ることも可能で，アルキル鎖の中央部くらいまで水分子が入り込むことができる．

生命系では，**リン脂質**（phospholipid）が代表的な両親媒性分子である．リン脂質は，グリセロールの三つの水酸基を介して，リン酸エステルとアルキル鎖が導入された化合物である（図 3.50(b)）．リン酸部の違いにより，双性イオンのホスファチジルエタノールアミン（A）やホスファチジルコリン（B），陰イオン性のホスファチジルセリン（C）などがある．これらのリン脂質は水中で**脂質二重膜**（lipid bilayer）や二重膜が球状に閉じた**ベシクル**（vesicle）を形成する（図 3.50(b)）．ベシクルはミセルに比べて動的特性が低く，内外をしっかりと隔てており，細胞膜や原子生物など生命と深い関わりがある．また，両親媒性分子からミセルかベシクルのどちらを生成するかは両親媒性分子の構造と深い関わりがある．ミセルはベシクルに比べて曲率が高く，**コーン**（cone）**型**の両親媒性分子はミセルを形成し，密に分子を集合化させる．一方，シリン

ダー状の両親媒性分子は曲率が低いベシクルを形成しやすい．

(4) 疎水効果に基づく分子の集合化の原理

ここでは，比較的大きな疎水分子が，水中で集合化する理由を考えよう．まず，エンタルピーの観点から考察してみよう．はじめに，疎水分子が水中でばらばらに存在する状態を考える．前に見たとおり，疎水効果が疎水分子の表面

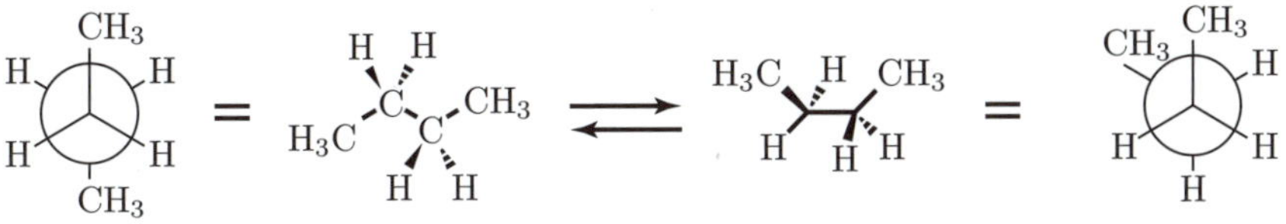

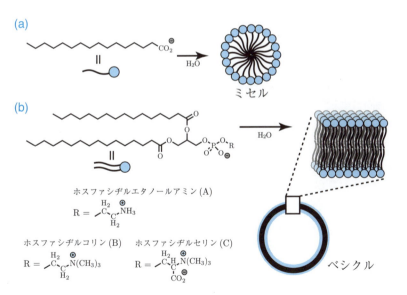

図 3.49　n-ブタンの溶液中におけるコンフォメーション変化．

図 3.50　**(a)** ミセルの形成．**(b)** リン脂質からベシクルを形成する．

積と関わりがあることから，着目すべきことは，疎水分子の第一層に存在する水分子である．水分子間には強い水素結合がはたらいているが，大きな疎水分子を水和している水分子は一部，水素結合の形成が妨げられており，水素結合の数が減り不安定化する．一方，集合化した状態は，疎水分子が集合化した分，疎水分子を水和する水分子の数が減り，一部の水分子は，水素結合を取り戻すことができる．これはエンタルピー的に集合化を有利にする要因である．また，疎水分子間で集合化することで，これらの間にvdW力が働き集合体の形成に有利にはたらくように思われる．だが，疎水分子がばらばらの状態においても，疎水分子と水分子の間にもvdW力がはたらいているため，その差はそれほど大きくない可能性がある．しかし実際には，水分子の分極率が小さいので疎水分子間に働くvdW力の方が水分子–疎水分子間のvdW力より強いと考えられ，無視できない．

つづいて，エントロピーの観点から疎水分子の集合化を考えよう．集合化する分子に着目すると，集合前に比べて並進，回転の自由度が下がり，集合化という現象は常にエントロピー的に不利なことがわかる．しかし，水中における自己集合では，エントロピー的に有利な場合がある．これは溶媒である水分子について次のような**アイスバーグモデル**（icebergs model）を考えると理解できる．疎水分子を水和している水分子は，水素結合が少なくエンタルピー的に不利だが，これを解消するために，これらの水分子が形成しているそれぞれの水素結合を強固にする．これにより，エンタルピーの損失は解消されたが，これらの水分子は強固な水素結合を形成したことで，氷のように，その自由度は低下する．したがってこれらの水分子はエントロピー的に大きく不安定化する．これは**エンタルピー–エントロピーの補償**（enthalpy–entropy compensation）である．このようにエントロピー的に不安定化された水分子の一部は，疎水分子の集合化によってバルクへ放出され，その自由度を取り戻すことで安定化する．したがって，水和している水分子に着目すると，集合化に伴ってエントロピー的に有利になる．この利得分が疎水分子の集合で失うエントロピー分を上回ると，系のエントロピー変化は正になる．しかし，icebergsの形成については，疑問視する意見もある．疎水表面の水和水がエントロピー的に不利な理由については配向が固定されることやバルクの水との交換が遅いことなど他の可能性も考えられている．表3.9に示すように，疎水分子が集合してエントロピーが正になること

もあるが，実際には負の場合もあり，疎水効果を考えるうえでエントロピーは必ずしも良い指標ではなく，**モル定圧熱容量変化**（heat capacity change: ΔC_p）を使った方が良い．前項で見たように，熱容量は物質の温度を 1°C 上げるために必要なエネルギーに相当し，物質の化学結合にどれだけエネルギーを蓄えられるかを示す指標である．疎水分子の集合では，常に負の ΔC_p が観測され（表 3.9），ΔC_p の大きさは集合化で脱水和される表面積と比例関係にある（図 3.47(d)）．

このように，疎水効果は疎水分子の大きさと温度によって原理が異なる．室温付近の低温で，小さい疎水分子が水に溶解すると，水分子間の水素結合を減らすことなく，ネットワーク構造に入り込み，疎水分子を水和する水分子を構造化し，エントロピー的に不利になる．一方，高温になると，熱エネルギーによりこの構造化は解消されエントロピーの寄与は減るが，疎水分子と周囲の水分子の間の相互作用（主に分散力）も始まる．これが水分子間の相互作用よりも弱いため，エンタルピーの寄与が主な要因となる．また，大きな疎水分子を水に溶かすと，水分子間の水素結合が一部切断され，室温においてもエンタルピー的に不利になるが，疎水分子が集合化すると水分子間の水素結合が増えて，系のエンタルピーは負になる．

表 3.9 生体系の複合体形成における熱力学的パラメーター．

複合体	ΔS $(\mathrm{cal\,mol^{-1}K^{-1}})$	ΔC_p $(\mathrm{cal\,mol^{-1}K^{-1}})$
アルドラーゼ：ヘキシトール–1,6–ジフォスフェート	34	−401
心臓ラクテートデヒドロゲナーゼ：NAD^+ [†]	3.5	−84
tRNA リガーゼ：イソロイシン	19.7	−430
アビジン：ビオチン	1.3	−24
ヘモグロビン：ヘプトグロビン	−73	−940

[†] NAD^+：ニコチンアミドアデニンジヌクレオチド (Nicotinamide Adenine Dinucleotide)

(5) 疎水分子の表面積と自由エネルギーの関係

疎水効果は疎水分子を溶媒和する第一層の水分子が重要で，疎水分子の表面積と関係がある．疎水効果を理解するために，さまざまな熱力学的パラメーターをもとに考えてきたが，ここでは疎水効果による集合化や複合体の形成について，疎水表面の面積と自由エネルギー変化の関係を見てみよう．

疎水分子（ゲスト）が水中でレセプター（ホスト）と結合する場合，結合に伴う自由エネルギー変化（$\Delta G_{\mathrm{hydrophobic}}$）は，次式で表される．

$$\Delta G_{\mathrm{hydrophobic}} = \gamma \Delta A \quad (3.47)$$

ここで，γ は単位面積あたりにはたらく疎水効果で，ΔA はホスト・ゲスト複合体を形成することで，脱水和された疎水面の面積で，ホスト分子とゲスト分子それぞれ疎水性の**溶媒露出表面積**（Solvent Accessible Surface：SAS）のうち，ホスト・ゲスト複合体の形成により脱水和された面積である．溶媒露出表面積をいかにして求めるかというと，例えばホスト・ゲスト複合体の結晶構造があれば，これを使ってコンピューターで計算できる．原理は単純で，例えば水を半径 1.4 Å の球（これを**プローブ球**と呼ぶ）に見立て，分子表面をなぞり，球の中心部分が描いた表面の面積として求めることができる（図 **3.51(a)**）．また，結晶構造が無い場合は，理論計算により求めた構造が使われる．

さまざまな実験や理論研究により，γ が求められている（表 **3.10**）．リガンド分子の結合やタンパク質工学に基づく場合，リガンド分子を変えたり，ホストとなるタンパク質に変異を加え，結合エネルギーの変化を調べることで γ が求められている．表 **3.10** からわかるように，対象の違いや求め方によって γ は 0.02 から 0.2 kcal mol^{-1} Å^{-2} とかなり幅がある．

上記の研究では，疎水表面のみを用いて γ を見積っているが，ホスト・ゲスト複合体の形成に伴って脱水和される全表面（疎水表面以外を含む）を用いて γ を求めても良い相関がある（図 **3.51(b)**）．α-および β-シクロデキストリンといった小さなホスト分子から（$\Delta A = 200$Å^2 くらい），アルブミンというタンパク質（$\Delta A = 300$Å^2 くらい），抗体触媒（$\Delta A = 400$Å^2 くらい），抗体とタンパク質の相互作用まで（$\Delta A = 800$Å^2 くらい），さまざまな系を通して全溶媒露出表面積と**結合定数**（log K_a）との間に直線関係がある．この場合，対象を全溶媒露出表面積に広げているため，γ は疎水性の溶媒露出表面積

のみを用いて求めた γ(平均値 0.025 kcal mol^{-1} Å^{-2})に比べかなり小さく,0.007 kcal mol^{-1} Å^{-2} である.したがって,水中で起こる分子認識系は疎水効果の寄与がとても大きく,結合の強さは,脱水和される全溶媒露出表面積と相関が強いことがわかる.また,図 3.51(b) を見ると直線性があるものの逸脱も大きい.これは,それぞれの固有の系で疎水効果に加え,本章で触れたさまざまな分子間相互作用(静電相互作用,水素結合,vdW 力など)が複合的に寄与しているためである.

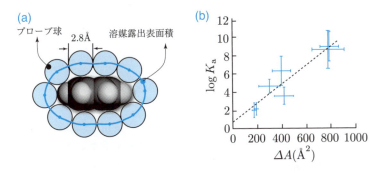

図 3.51 **(a)** プローブ球を利用した溶媒露出表面積の求め方.**(b)** さまざまなホスト・ゲスト複合体の形成における,溶媒露出表面積(ΔA)と結合定数(K_a)の対数(すなわち自由エネルギー変化)との関係.(*Angew. Chem. Int. Ed.* **42**, 4872–4897(2003)より引用)

表 3.10 単位面積あたりにはたらく疎水効果(γ)の実験値.

測定方法	γ (kcal mol^{-1} Å^{-2})
溶媒間の移動	$0.02 \sim 0.05$
ホスト・ゲスト複合体	$0.03 \sim 0.06$
タンパク質工学	$0.02 \sim 0.2$

(6) 非古典的疎水効果

疎水分子を水に溶かしたときの疎水効果の特徴は，室温付近ではエントロピー支配（$\Delta S < 0$）で，高温ではエンタルピー支配となり，正のモル定圧熱容量変化（ΔC_p）が観測されることであった（図 3.47(c), (d)）．また，水中におけるホスト・ゲスト複合体の形成や会合ではその逆になる（室温付近で $\Delta S > 0$，$\Delta H \approx 0$，$\Delta C_\mathrm{p} < 0$）（表 3.9）．しかし，人工系の分子や酵素の中には，水中におけるホスト・ゲスト複合体の形成がエンタルピー的に有利で，これが支配的になる場合があり，**非古典的疎水効果**（nonclassical hydrophobic effect）と呼ばれている．このような系では，どのようなことが起こっているのだろうか．

水溶性の環状ホスト **15**（図 3.52(a)）とゲスト分子との複合体形成における熱力学パラメーターを表 3.11 に示す．ΔC_p は負で疎水効果に見られる傾向ではあるが，有機溶媒（メタノール）中でも負の ΔC_p が観測される場合が報告されており，これだけで結論づけることは難しい．この系における最大の特徴はゲスト分子の包接におけるエンタルピーの寄与が大きい点で，通常の疎水効果と明らかに異なる．このように水中においてエンタルピー駆動で分子認識する系は，この他，酵素と芳香族ゲスト分子の複合体形成や DNA 二重鎖に対する芳香族分子のインターカレーション（塩基配列への挿入），タンパク質間相互作用，タンパク質–DNA 複合体，タンパク質–脂質相互作用でも知られており，珍しい現象ではない．このような水中におけるエンタルピー駆動の複合体の形成（非古典的疎水効果）は，3.5.4 (4) 項で述べた，水中における大きな疎水分子の相互作用に相当する．大きな疎水分子を水和する水分子はバルクの水分子に比べ水素結合の数が少なくエンタルピー的に不利である．これが，疎水分子の包接によりバルクへ放出されれば，エンタルピー的に有利になる．疎水分子の水和水が形成する水素結合の数は分子の大きさと形に依存する．すでに述べたが，小さな疎水分子の場合，水和数の水素結合の数はバルクの水分子と変わらない．一方，疎水分子の直径が大きくなると，水素結合の数はバルクの水に比べ減り，平面上の疎水分子では一つ分水素結合が減ってしまう．また，分子の形の影響もあり，窪んだ構造をもつ疎水分子の窪み部分に存在する水分子はさらに水素結合の数が減り，エンタルピー的にとても不安定化している．これらの水分子が集合体の形成に伴ってバルクへ放出されると，大きなエンタルピーの獲得に繋がる．

3.5 疎水効果

(a)

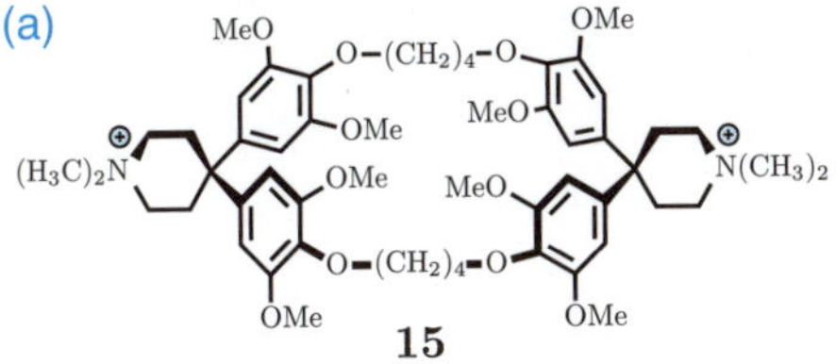

[Structure of cyclic host 15 with MeO, OMe, (CH₂)₄, and N(CH₃)₂⁺ groups]

15

R_1——R_2

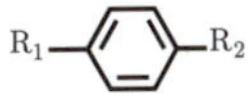

16: R_1 = CO_2Me, R_2 = CO_2Me
17: R_1 = Me, R_2 = NO_2
18: R_1 = OH, R_2 = NO_2
19: R_1 = OMe, R_2 = OMe
20: R_1 = Me, R_2 = Me

(b)

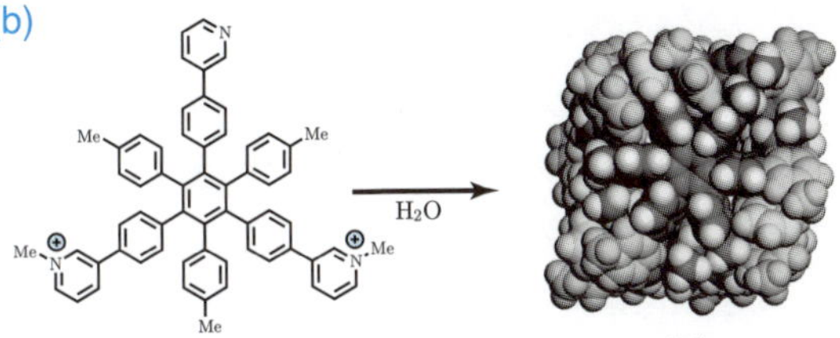

21 →(H_2O)→ **21_6**

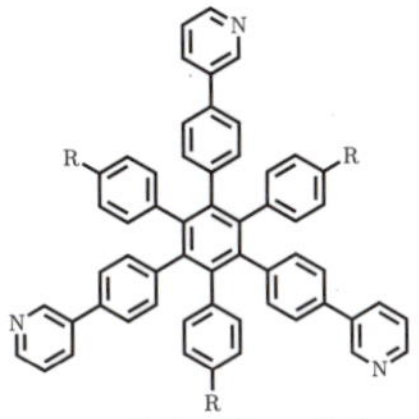

22: R = Me
23: R = H

図 3.52 **(a)** 環状ホスト 15 とゲスト分子（16〜20）から 1:1 の複合体が形成される．熱力学的パラメーターは表 3.11 を参照．**(b)** 歯車状両親媒性分子 21 は水中で箱型の六量体（21_6）を形成する．

表 3.11 ホスト分子 15 とゲスト分子（16·20）の 1:1 複合体形成における熱力学的パラメーター．

ゲスト	溶媒	$\Delta G°_{293K}$ (kcal mol⁻¹)	$\Delta H°_{293K}$ (kcal mol⁻¹)	ΔC_p (cal mol⁻¹ K⁻¹)	$T\Delta S°_{293K}$ (kcal mol⁻¹)
16	水	−6.81	−11.8	−60	−5.0
17		−6.01	−8.1	−50	−2.1
18		−5.86	−10.5	−130	−4.6
19		−5.38	−10.0	−20	−4.6
20		−5.33	−7.2	−20	−1.9
19	メタノール	−1.20	−3.7	—	−2.5

また，ホスト・ゲスト間にはたらく分散力も重要な役割を果たしている．水中における疎水分子（G）のレセプター（H）への包接は次式で表される．

$$H \cdot S + G \cdot S \rightleftarrows H \cdot G + S \cdot S \tag{3.48}$$

ここで，Sは溶媒を，H·S, G·Sは溶媒和されたホストおよびゲスト分子を表す．簡単のためHとGの相互作用部位はともに疎水性であるとする．したがって，H·S, G·SのS（水分子）は疎水表面を水和している．ここで，分子間にはたらく分散力を考えよう．分散力は相互作用する分子（もしくは原子）の分極率と原子間の距離に依存し，分極率が高いほど，強い分散力がはたらく．水分子の分極率はとても低いため，H·S, G·Sにおける水・ホスト，水・ゲスト間の分散力はとても弱い．一方，H·G複合体では疎水表面で相互作用しており，H·GではH·S, G·Sよりも大きな分散力がはたらくと考えられ，これがH·G複合体の形成がエンタルピー駆動になるもう一つの理由である．まとめると，非古典的疎水効果では，H·S, G·Sにおいて，疎水表面を水和していた水分子が失っていた水素結合を，S·Sの形成（つまり，脱水和してバルクへ水和水が移動すること）により，水分子間に水素結合が形成されることと，H·Gの分散力がH·S, G·Sにおける分散力よりも大きく，H·Gの形成がエンタルピー的に有利なことに由来する．また，分散力は相互作用する原子間の距離に強く依存するため，ホスト分子とゲスト分子が少し離れて相互作用していると（つまり，分子間に隙間があると），分散力の効果は激減する．したがって，ホストとゲストが密に接触すると自由度が失われH·Gの形成はエントロピー的に不利で，エンタルピー駆動になり（非古典的疎水効果），一方，緩く相互作用すると，脱水和によるエントロピーの寄与が大きくなりエントロピー的に有利になる．

図 **3.52**(b) に示す化合物（**21**）は，水中で箱型の六量体（**21**$_6$：ナノキューブ）を一義的に形成する．さらにこの集合体の熱安定性は極めて高く，100°Cでも分解しない．また，これと類似した誘導体（**22**）についてメタノール：水 = 3 : 1 溶液中における熱力学的パラメーターを求めると，このナノキューブの自己集合がエンタルピー駆動であり，先に触れた非古典的疎溶媒効果により集合化していることがわかる．集合体の形成には疎水効果のほか，構成要素の間にはたらくvdW力も寄与している．このような弱い分子間相互作用しか働かないにも関わらず，これほど安定なのはなぜだろう．一つはこの分子のヘキサフェニ

ルベンゼンが凹凸の疎水表面をもち，この表面を水和している不安定な多くの水分子がナノキューブの形成により脱水和されるためである．六つの単量体とナノキューブの間の溶媒接触表面を比べると約 2000 Å^2 以上もあり，これは，抗体−タンパク相互作用における溶媒接触面積の差 800 Å^2 を大きく上回る（図 3.51(b)）．また，この分子の窪みに存在する水和水は水素結合が極端に減っており，集合化において大きなエンタルピーの寄与がはたらくと考えられる．もう一つは，ナノキューブの結晶構造を見ると，各分子が密に噛み合っており，強い分散力がはたらいているためである．このように，主に疎水効果や分散力のような弱い相互作用だけからでも（実際にこれ以外の弱い分子間相互作用もある），極めて安定な集合体をつくることができる．

ナノキューブの安定性はその分子構造と深い関係がある．**22** の三つのメチル基を水素に置き換えただけで（**23**），その熱安定性は大幅に低下する．このような小さな構造変化によって，熱安定性が劇的に変化する結果を疎水効果だけで説明することはできない．前に見たように，疎水効果による安定性は疎水表面積に比例する．しかし，**22** と **23** を比べると，溶媒排除面積にそれほど大きな変化はない．したがって，ナノキューブの形成が非古典的疎水効果であることからも示唆されるように，分子間にはたらく分散力がナノキューブの高い安定性に大きく寄与している．

多くのタンパク質は熱をかけると変性するが，極限環境で生命活動を営んでいる微生物のもつタンパク質は高温でも安定で壊れない．至適最適生育温度が 80°C 以上の微生物を**超好熱菌**と呼ぶ．この中には，変性温度が 148.5°C と驚くほど高い熱安定性をもつタンパク質（CutA1）もある．これらのタンパク質を構成するアミノ酸は普通のタンパク質と同じで，どのようにして高い熱安定性を獲得しているか，そのメカニズムに興味がもたれている．CutA1 や他の好熱菌タンパク質の中には，イオン性のアミノ酸残基が多いものがあり，これらの残基間の静電相互作用（塩橋）が寄与していると考えられている．ただ，全ての好熱菌タンパク質にこの傾向があるわけではないので，他にも安定化する要因があると考えられている．

好熱菌タンパク質の安定性の獲得の戦略として以下の三つが考えられる．図 3.53 に，好熱菌タンパク質の自由エネルギー変化（ΔG）の温度変化を模式的に示す．ここで，ΔG は天然状態と変性状態の間の自由エネルギー変化に相当し，

これらの間に平衡が成り立つとする（図 3.53(a)）（すなわち一度変性した後に温度を下げると元に戻るという可逆な反応を仮定している）．$\Delta G = 0$ では天然状態と変性状態が $1:1$ で存在し，このときの温度を**融解温度**（T_m）と呼び，これが熱安定性の指標として使われている．通常，そのタンパク質が最も安定な温度があり，それより低くても，高くてもタンパク質は不安定化し，ΔG の温度曲線（これを**安定曲線**と呼ぶ）は放物線になる（図 3.53(b)）．好熱菌タンパク質が高い T_m を獲得する作戦として，一つは放物線を単により高温へ移動させることである（図 3.53(c)）．他に放物線を横に広げるか（図 3.53(d)），放物線の形は変えずに上に移動させても（図 3.53(e)），T_m が上昇する．実際には，多くの好熱菌タンパク質はこれら三つを組み合わせて安定化している．また，安定化に対する分子論的な理解として，先に述べた電荷をもつアミノ酸残基を多く組み込むことにより静電相互作用に加え，高温で不安定なアミノ酸残基を減らしている場合がある．酸性アミノ酸であるグルタミン酸やアスパラギン酸は高温で脱アミド化するため，これらを減らすことで熱安定性が向上する．タンパク質の折りたたみ構造の形成に vdW 力の寄与も大きく，密な疎水コアの形成が高い熱安定性に関与している．タンパク質には α-ヘリックスや β-シートなどの二次構造の間を繋ぐループと呼ばれる部分があり，これは溶媒に剥き出しになっている．好熱菌タンパク質のループは通常のタンパク質よりも短い傾向がある．通常，小さいタンパク質の ΔC_p は小さく，ΔC_p が小さいと，ΔG の温度変化が小さくなり，安定曲線は末広がりになり，熱安定性が上昇する．

　超好熱菌は，生命が誕生した原始の地球環境と似た環境で生育しているため，生命の起源と深い関わりがあると考えられている．また，タンパク質工学では，高い熱安定性をもつ物質開発に繋がると期待されている．超好熱菌のもつタンパク質が高温で安定な理由は完全に解明されていないが，ナノキューブの高い安定性に見られるように，分散力（vdW 力）が関与している可能性がとても高い．

3.5 疎水効果

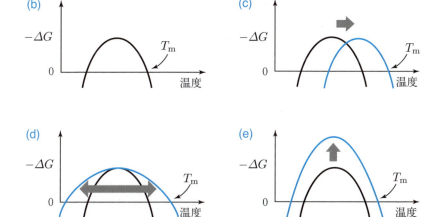

図 3.53 タンパク質の自由エネルギー変化と耐熱性向上の戦略．**(a)** ここでは，タンパク質の熱による分解は可逆と仮定している．**(b)** 通常のタンパク質の自由エネルギー変化（安定曲線）の模式図．天然タンパク質と変性タンパク質が $1:1$ となる（$-\Delta G = 0$）温度を融解温度（T_m）である．**(c)** 安定曲線の形は変わらず，高温側にシフトする場合．**(d)** 安定曲線が幅広になる場合．**(e)** 安定曲線の形は変えず上がる場合．

3.6 ハロゲン結合

ハロゲン（F, Cl, Br, I）原子は七つの価電子をもち，電気陰性度が高いことから，負電荷を帯びた原子である．しかし，分子中に組み込まれたハロゲン原子の中には，電子豊富な酸素や窒素原子，またハロゲンイオン（F^-, Cl^-, Br^-, I^-）と化学結合を形成するものがある．これらは**ハロゲン結合**（halogen bond）と呼ばれ，R—X⋯Y で表される（図 3.54）．X はハロゲンで，多くは Cl, Br, I である．R は電子求引性の高い元素や官能基で，Y は電子供与性をもつ原子（O, N, F^-, Cl^-, Br^-, I^- など）である．

ハロゲン結合は水素結合と比較して議論されることがある．その理由はハロゲン結合を形成する原子 X には正電荷が存在し，この正電荷と負電荷をもつ Y との間に静電相互作用が期待されるためである．すでに四塩化炭素（CCl_4）の静電ポテンシャルを見たが（図 3.36(g)），各塩素原子の静電ポテンシャルは C–Cl 軸の周りに正電荷があり，C–Cl 結合の垂直方向の円周上に負電荷がある（図 3.54(b)）．この正電荷を **σ ホール**（σ-hole）と呼ぶ．σ ホールを形成する R–X（X：ハロゲン）結合の多くは X が Br, Cl, I で，R が電子求引性基の場合である．フッ素原子の 2p 軌道は核に近く，核電荷を 2p 軌道の電子が遮蔽していることと，分極率が低いために，σ ホールが形成されにくい．一方，Cl, Br, I と周期表の下へ行くほど，最外殻電子が核電荷を遮蔽する効果が下がり，分極率も高くなり，原子表面の静電ポテンシャルが分極し σ ホールが形成される．ハロゲン結合は水素結合と同じように理解できるのだろうか．X—$H^{\delta+}$⋯$Y^{\delta-}$ 水素結合の形成では，静電相互作用と X–H 結合の反結合性軌道と Y の軌道の相互作用の寄与もあるが，多くの水素結合（X—H⋯Y）では，水素結合のドナー原子（H）とアクセプター原子（Y）との間の静電相互作用が主な要因であった（3.3 節）．水素結合はある程度の方向性をもち，X—H⋯Y 角は 180° が最適だが，実際にはさまざまな角度の水素結合が観測されており，方向性に関する厳密性は低い．一方，ハロゲン結合は水素結合に比べ方向性が高く，R—X⋯Y 角は 180° を好む．また，ハロゲン結合のエネルギーは 10 kJ mol^{-1} から 150 kJ mol^{-1} とさまざまだが，概して水素結合より強い．また，結晶構造から，X⋯Y 間距離が vdW 距離よりも短く，ハロゲン結合では軌道間の相互作用の寄与が大きい

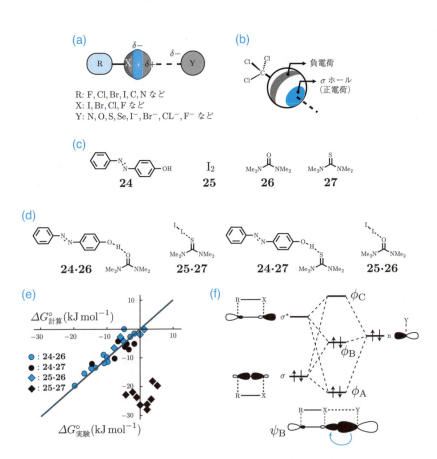

図 3.54 **(a)** ハロゲン結合の一般的な表現. **(b)** 四塩化炭素に見られる σ ホールの模式図. **(c)** 水素結合およびハロゲン結合を形成する化合物. **(c)** 化合物 24 から 27 の間で形成される複合体. **(e)** 複合体の安定化エネルギーの実験値 ($\Delta G°_{実験}$) と式 (3.49) に基づいて計算された安定化エネルギーの計算値 ($\Delta G°_{計算}$) との関係 (*Chem. Sci.* **5**, 4179–4183 (2014) より引用). **(f)** ハロゲン結合における軌道間の相互作用.

と考えられる．

　水素結合の場合，静電相互作用が重要なため，極性溶媒中では，溶媒分子が競合し水素結合が弱くなる（3.4.9 項）．ハロゲン結合においても同じような傾向が見られれば，静電的な寄与があるといえる．図 3.54(c) に示す化合物 **24** と **26** の間では水素結合を，一方，**25** と **27** の間ではハロゲン結合を形成する（図 3.54(d)）．これに加え，**24** と **27**，**25** と **26** の間の相互作用も含めて結合定数（K）が溶媒の極性とどのような関係があるか調べると，**24** と **27**，**25** と **26** の組合せでは，溶媒の極性に関わらず結合が弱い．また，水素結合を形成する **24·26** 複合体の安定性は，溶媒の極性が低いほど高く，水素結合に見られる傾向である．一方，ハロゲン結合を形成する **25·27** 複合体では，溶媒による結合定数の変化は見られるが，**24·26** 複合体に比べると小さい．また，**25·27** 複合体では 330 nm から 340 nm に電荷移動に伴う吸収帯が観測され（3.2.4 項），これからも軌道間の相互作用が示唆された．また，水素結合による相互作用のエネルギーは式 (3.49) で表すことができる（3.4.9 項）．

$$\Delta G_{計算} = -(\alpha - \alpha_s)(\beta - \beta_s) + c \tag{3.49}$$

ここで，α，α_s はそれぞれ水素結合のドナー分子と溶媒分子のドナー定数で，β，β_s はそれぞれ水素結合のアクセプター分子および溶媒分子のアクセプター定数で，c は定数である．これを用いて各溶媒中における自由エネルギーの計算値（$\Delta G_{計算}$）と実験で求められた安定化エネルギー（$\Delta G_{実験}$）の相関を調べると，図 3.54(e) のように，**25·26**，**25·27**，**25·26** 複合体については計算結果と実験結果に強い相関があり，主に静電相互作用によることがわかる．一方，ハロゲン結合を形成する **25·27** 複合体では，全く相関はない．この結果からもハロゲン結合は主に軌道間の相互作用によると考えるべきである．ハロゲン結合に関わる軌道間の相互作用を考えよう．軌道間の相互作用が有効にはたらくには，軌道間の重なり（重なり積分）が大きく，軌道のエネルギー準位が近いことが重要である（1.2.1 項）．ハロゲン結合（R—X ⋯ Y）の形成でこの条件を満たすものは，R–X 結合の結合性軌道（σ 軌道）および反結合性軌道（σ^* 軌道）と Y の非結合性軌道（n 軌道）である（三つの軌道の相互作用（1.2.1 項））．エネルギー準位は系によって多少の変化はあるが，定性的には図 3.54(f) のようになる．n 軌道（Y）と σ^* 軌道の相互作用の寄与が大きいため，ϕ_B は図のよう

になる. ϕ_B には R, X 上にも軌道の係数があるので，ハロゲン結合の形成により，n 電子の一部が R–X 結合へ移動している．一方，ϕ_A は逆で R–X σ 結合の電子の一部が Y へ移動しているが，n 軌道が σ^* 軌道とエネルギー的に近く，Y から R–X への電子移動の寄与の方が大きい．

このようにハロゲン結合は σ ホールの形成から，水素結合と同様に，静電相互作用も考えられるが，実際には軌道間の相互作用の方が重要である．ハロゲン結合が溶媒の極性の影響を受けにくい性質は興味深い．これは水のような極性溶媒中でも，ハロゲン結合を有用に利用できることを意味し，ハロゲン結合を使って水中における自己集合体の形成や新薬の開発が可能である．

演習問題

3.1 粉末サンプルの NMR 測定をするとき，サンプルを磁場方向に対して 54.7° 傾けて回転しながら測定すると単純化したスペクトルが得られる．溶液の NMR ではこのようなことをする必要はない．なぜ粉末サンプルの測定では回転するのか．

3.2 3.4.3 項で H_2O, D_2O, T_2O を比べると，重い水素をもつほど，水素結合のネットワークが強いことを学んだ．それはなぜか．

3.3 芳香族求電子置換反応で，芳香環にメトキシ基（CH_3O）を導入した場合（$PhOCH_3$），求電子剤 E^+ がメトキシ基のオルト位もしくはパラ位に導入される方がメタ位に導入した場合より，中間体のカルボカチオンが安定化される．その理由を述べよ．

3.4 3.3.5 項でフラン（C_4H_4O）やチオフェン（C_4H_4S）はベンゼンに求電子置換反応を行うと，2 位に置換基が導入されるのはなぜか．

3.5 図 3.20 の H1，図 3.21 の H2, H3 に対するゲスト分子に対する包接を比べると，大きな差は見られない．H1, H2, H3 の違いは左右にある芳香環である．芳香族求電子置換反応の反応性を比べると，ベンゼンに比べチオフェンやフランの方が反応性が高い．それにもかかわらず H2, H3 が H1 と同程度の包接力しか示さないのはなぜか．

3.6 水素結合のドナーとアクセプターをそれぞれ三つずつ導入した二分子（A, B）から A·B 複合体を形成するとき，ドナーとアクセプターをどのように配置すると A·B 複合体が最も安定化するだろうか．

3.7 酵素と基質が結合した状態（基質–酵素複合体）と反応の遷移状態では大きな構造変化が見られないにも関わらず，その結合力は基質–酵素複合体で $K_a = 10^{3.7}$ M^{-1} くらいであるのに対し，遷移状態では $K_a = 10^{16}$ M^{-1} ほどと遷移状態の方が桁違いに強い．遷移状態を強く安定化する要因を考えよ．

3.8 VSEPR 則を使って分子の構造を推測できるが，$[SeCl_6]^{2-}$ など中心原子が重原子の場合には適用できない．
  (1) VSEPR 則を使うと $[SeCl_6]^{2-}$ はどのような構造と予測されるか．
  (2) $[SeCl_6]^{2-}$ は正八面体型である．この分子に VSEPR 則を利用できないのはなぜか．

3.9 3.5.4(6) 項で紹介したナノキューブを安定化する主な要因を三つ挙げよ．

第4章

分子認識

　本章では，主に二つの分子が相互作用し，複合体を形成する系 ($A + B \rightleftarrows A \cdot B$) を考える．このような系は酵素と基質の結合，抗原と抗体の結合，薬剤の結合もしくは人工的に合成された分子間の相互作用などさまざまな環境で見られる．これらの分子間相互作用は，その対象に応じていろいろな呼び方がされているが，ここでは，ホスト（Host: H）とゲスト（Guest: G）という呼び方に統一して話を進める．ホスト分子はゲスト分子を取り囲んで結合し，ゲスト分子よりも大きく，ゲスト分子を包接するための空間をもっていることが多いが，必ずしもその限りではない．ホスト（H），ゲスト（G）分子間には，第3章で扱った分子間相互作用が複合的にはたらいており，これらを巧みに利用することで，ある特定の分子に対して強く結合したり，分子認識に伴ってさらなる機能が発現することもある．

4.1 結合定数と自由エネルギー

HとGの結合の強さは式(4.1)で定義される**結合定数**(K_a),もしくは**解離定数**(K_d)によって評価される.

$$H + G \rightleftarrows H \cdot G \tag{4.1}$$

$$K_a = \frac{[H \cdot G]}{[H][G]} = K_d^{-1} \tag{4.2}$$

また,K_aは式(4.1)の**ギブズエネルギー変化**($\Delta G°$)と式(4.3)の関係がある.

$$\Delta G° = -RT \ln(K_a) \tag{4.3}$$

第2章で説明したとおり,本来K_aは各成分の**活量**(γ)により定義されるため無次元だが,実際には活量の代わりに濃度が用いられるため,濃度を使って求めた結合定数(K_a)には単位がある.ここで,式(4.1)の反応が**発エルゴン反応**であるとしよう($\Delta G° < 0$).このとき,H·G複合体の形成が熱力学的に有利なので,常にH·Gが優先して生成するように思われるが,実際には濃度に依存する.ここで$K_a = 10$ M^{-1}として二つの濃度条件を考えてみよう.HとGの初期濃度が10 mMのとき([H]$_0$ = [G]$_0$ = 10 mM),平衡状態における三成分(H, G, H·G)の濃度は,それぞれ[H] = [G] = 9.2 mM,[H·G] = 0.84 mMであり,ほとんど解離したHとGでH·G複合体は少ない.一方,初期濃度を高くし,[H]$_0$ = [G]$_0$ = 1 Mにすると,結合状態におけるそれぞれの濃度は[H] = [G] = 0.27 M,[H·G] = 0.73 Mとなり,H·G複合体の方が多く生成する.どちらの条件でも$\Delta G° < 0$から,H·G複合体の方が熱力学的に安定にも関わらず,このように初期濃度で結果が変わるのはなぜだろう.ここで,ギブズエネルギー変化($\Delta G°$)は標準状態における自由エネルギー変化を表しているのだが,実際に行われる実験条件が標準状態からかけ離れると,$\Delta G°$からの推測と一致しないことがある.

初期濃度に応じて変化が見られる理由を考えよう.各成分の濃度は系に存在する物質量(分子の数:n)と溶液の体積(V)で表される.

$$[H] = \frac{n_H}{V} \tag{4.4}$$

ここで,n_Hはホスト分子(H)の物質量である.[G],[H·G]も同様に書き表すと,結合定数(K_a)は式(4.5)で表される.

$$K_\mathrm{a} = \frac{n_\mathrm{H\cdot G}/V}{(n_\mathrm{H}/V)(n_\mathrm{G}/V)} = \frac{Vn_\mathrm{H\cdot G}}{n_\mathrm{H}n_\mathrm{G}} \tag{4.5}$$

したがって，溶液中の各成分の存在比は式 (4.6) で表される．

$$\frac{n_\mathrm{H\cdot G}}{n_\mathrm{H}n_\mathrm{G}} = \frac{K_\mathrm{a}}{V} \tag{4.6}$$

溶液の濃度が下がると（V を大きくすると），H·G 複合体の存在量が減り，確かに濃度に依存して物質の生成比が変化する．次に，このように変化する理由を考えてみよう．化学反応は H·G 複合体の安定性だけでなく，厳密には溶液全体の自由エネルギーが支配している．この中には系のエントロピーの寄与も含まれる．エントロピーの寄与を考慮すると，この現象を説明できる．エントロピーは自由度に相当する尺度で，ある物質 (A) の溶液は A の濃度 [A] が低いほど（溶媒量が多いほど），エントロピー的に有利である．したがって，この系では，[H], [G], [H·G] いずれも小さいほど，エントロピーの観点から系は安定化する．しかし，式 (4.1) の左辺で H と G が独立しているので，溶液の体積を増加させると，平衡を左へ偏らせて H と G の存在量を増やし，より効果的にエントロピー的に有利にすることができる．このため，溶液の濃度を下げると，H·G→H + G の解離が進み，H と G の割合が増えるのである．逆に溶液の濃度を上げれば，系中の全成分数が少なくなるように，H·G 複合体の形成へ平衡が偏る．このように標準状態における $\varDelta G°$ は必ずしもある実験条件で H·G 複合体の形成が有利に進むかを表す指標ではない．そこで，どの濃度で H·G が優先して生成するかを示すパラメーターがあると便利で，これが**解離定数**（K_d）である（式 (4.2)）．ここで，[H] = [G] = K_d の場合を考えると，

$$K_\mathrm{a} = \frac{[\mathrm{H\cdot G}]}{[\mathrm{H}][\mathrm{G}]} = \frac{[\mathrm{H\cdot G}]}{K_\mathrm{d}K_\mathrm{d}} \tag{4.7}$$

となり，このときの [H·G] は式 (4.8) で表される．

$$[\mathrm{H\cdot G}] = K_\mathrm{a}K_\mathrm{d}^2 = K_\mathrm{d} \tag{4.8}$$

すなわち，K_d は [H] = [G] =[H·G] となる濃度を表している．先ほどの例（$K_\mathrm{a} = 10\ \mathrm{M}^{-1}$）の場合，$K_\mathrm{d} = 0.1\ \mathrm{M}$ で，この濃度を境に，H·G が優先するか決まる．このように K_d を用いると，どのくらいの濃度で H·G 複合体が優先するかを知ることができる．

$\varDelta G°$ の正負による化学反応に対する情報は標準状態に限られているが，別の観点から標準状態と化学反応を考えよう．第 2 章で見たように，系中に存在

する各成分（H, G, H·G）の化学ポテンシャルは式 (4.9)-(4.11) で表される．

$$\mu_{\mathrm{H}} = \mu_{\mathrm{H}}^{\circ} + RT\ln(a_{\mathrm{H}}) \tag{4.9}$$

$$\mu_{\mathrm{G}} = \mu_{\mathrm{G}}^{\circ} + RT\ln(a_{\mathrm{G}}) \tag{4.10}$$

$$\mu_{\mathrm{H\cdot G}} = \mu_{\mathrm{H\cdot G}}^{\circ} + RT\ln(a_{\mathrm{H\cdot G}}) \tag{4.11}$$

式 (4.1) の反応（分子認識）における自由エネルギー変化（ΔG）は，

$$\Delta G = \mu_{\mathrm{H\cdot G}} - \mu_{\mathrm{H}} - \mu_{\mathrm{G}}$$

$$= \mu_{\mathrm{H\cdot G}}^{\circ} - \mu_{\mathrm{H}}^{\circ} - \mu_{\mathrm{G}}^{\circ} + RT\ln(a_{\mathrm{H\cdot G}}) - RT\ln(a_{\mathrm{H}}) - RT\ln(a_{\mathrm{G}}) \tag{4.12}$$

となる．ここで，

$$\Delta G^{\circ} = \mu_{\mathrm{H\cdot G}}^{\circ} - \mu_{\mathrm{H}}^{\circ} - \mu_{\mathrm{G}}^{\circ} \tag{4.13}$$

より，

$$\Delta G = \Delta G^{\circ} + RT\ln\left(\frac{a_{\mathrm{H\cdot G}}}{a_{\mathrm{H}}a_{\mathrm{G}}}\right) \tag{4.14}$$

となる．平衡状態では，$\Delta G = 0$ なので，

$$\Delta G^{\circ} = -RT\ln\left(\frac{a_{\mathrm{H\cdot G}}}{a_{\mathrm{H}}a_{\mathrm{G}}}\right) \tag{4.15}$$

となり，活量 a を活量係数 γ と濃度で書き表すと，

$$\Delta G^{\circ} = -RT\ln\left[\frac{\gamma_{\mathrm{H\cdot G}}[\mathrm{H\cdot G}]}{\gamma_{\mathrm{H}}[\mathrm{H}]\gamma_{\mathrm{G}}[\mathrm{G}]}\frac{[\mathrm{H}]_0[\mathrm{G}]_0}{[\mathrm{H\cdot G}]_0}\right] \tag{4.16}$$

となり，

$$K_{\mathrm{a}} = \frac{\gamma_{\mathrm{H\cdot G}}[\mathrm{H\cdot G}]}{\gamma_{\mathrm{H}}[\mathrm{H}]\gamma_{\mathrm{G}}[\mathrm{G}]} \tag{4.17}$$

なので，式 (4.16) は式 (4.18) へ変換される．

$$\Delta G^{\circ} = -RT\ln\left[K_{\mathrm{a}}\left(\frac{[\mathrm{H}]_0[\mathrm{G}]_0}{[\mathrm{H\cdot G}]_0}\right)\right] \tag{4.18}$$

通常，標準状態の濃度は $[\mathrm{H}]_0 = [\mathrm{G}]_0 = [\mathrm{H\cdot G}]_0 = 1\,\mathrm{M}$ と定義されることが多いので，これを使うと，$K_{\mathrm{a}} = 10^6\,\mathrm{M}^{-1}$ の場合，$\Delta G^{\circ} = -8.15\,\mathrm{kcal\,mol}^{-1}$ となる．ΔG° が負なので，H·G 複合体の形成が熱力学的に安定である．次に，標準状態の濃度を変化させると，どうなるか見てみよう．$K_{\mathrm{a}} = 10^6\,\mathrm{M}^{-1}$ のとき $K_{\mathrm{d}} = 10^{-6}\,\mathrm{M}$ なので，この系は $10^{-6}\,\mathrm{M}$ よりも濃度が高いと H·G 複合体が優先する．これをふまえて，K_{d} よりもずっと濃度が低い条件（$[\mathrm{H}]_0 = [\mathrm{G}]_0 = [\mathrm{H\cdot G}]_0 = 10^{-12}\,\mathrm{M}$）を標準状態にしてみよう．このとき式 (4.18) から ΔG° は $8.15\,\mathrm{kcal\,mol}^{-1}$ と正になってしまい，1 モルの H·G を形

成するために，8.15 kcal のエネルギーが必要だということになる．このように $\Delta G°$ は標準状態の定義によって符号までも変わってしまう．

4.2　定圧熱容量変化

　熱容量については，3.5 節で疎水効果を議論する際に触れた．ある化学反応が熱力学的に有利かどうかは自由エネルギー変化（$\Delta G°$）から議論できる．また，$\Delta G°$ を構成するエンタルピー変化（$\Delta H°$），エントロピー変化（$\Delta S°$）に分けることで，その反応に対する理解が深まる．通常，$\Delta H°, \Delta S°$ は一定だと仮定することが多いが，実際には温度によって $\Delta H°, \Delta S°$ が変化する場合もあり，疎水効果はその例である．定圧条件において，物質のエンタルピーは，温度の上昇とともに大きくなり，その勾配が**定圧熱容量**（$C_\mathrm{p}°$）である（式 (4.19)）．

$$C_\mathrm{p}° = \left(\frac{\partial H}{\partial T}\right)_p \tag{4.19}$$

定圧熱容量は，系の温度を 1 度上昇させるときにその物質が吸収するエネルギーで，その物質の化学結合の振動や回転としてエネルギーが吸収される．このため，振動や回転のモードを多くもつ物質は定圧熱容量が大きい．$C_\mathrm{p}°$ が温度に依存しないと仮定すると，標準となる温度を 298 K とし，温度 T における物質のエンタルピー（$H°(T)$）は式 (4.20) で表される．

$$H°(T) = H°(298) + (T - 298)C_\mathrm{p}° \tag{4.20}$$

ここで，物質 A と B の間の化学平衡を考えよう．

$$A \rightleftarrows B \tag{4.21}$$

式 (4.20) から A, B それぞれのエンタルピー（$H_\mathrm{A}°(T), H_\mathrm{B}°(T)$）はそれぞれ，

$$H_\mathrm{A}°(T) = H_\mathrm{A}°(298) + (T - 298)C_{\mathrm{p(A)}}° \tag{4.22}$$

$$H_\mathrm{B}°(T) = H_\mathrm{B}°(298) + (T - 298)C_{\mathrm{p(B)}}° \tag{4.23}$$

で表される．$H_\mathrm{A}°(298), H_\mathrm{B}°(298)$ は 298 K におけるエンタルピーである．また，この反応（A→B）のエンタルピー変化（$\Delta H_\mathrm{reaction}°(T)$）は $\Delta H_\mathrm{reaction}°(T) = H_\mathrm{B}°(T) - H_\mathrm{A}°(T)$ で表されるので，

$$\begin{aligned}\Delta H_\mathrm{reaction}°(T) &= H_\mathrm{B}°(T) - H_\mathrm{A}°(T) \\ &= H_\mathrm{B}°(298) - H_\mathrm{A}°(298) + (T - 298)(C_{\mathrm{p(B)}}° - C_{\mathrm{p(A)}}°)\end{aligned} \tag{4.24}$$

ここで,
$$\Delta H^\circ_{\text{reaction}}(298) = H^\circ_{\text{B}}(298) - H^\circ_{\text{A}}(298) \quad (4.25)$$
$$\Delta C^\circ_{\text{p}} = C^\circ_{\text{p(B)}} - C^\circ_{\text{p(A)}} \quad (4.26)$$

とすると,式 (4.24) は
$$\Delta H^\circ_{\text{reaction}}(T) = \Delta H^\circ_{\text{reaction}}(298) + (T - 298)\Delta C^\circ_{\text{p}} \quad (4.27)$$

となる.ここで,$298\Delta C^\circ_{\text{p}}$ が定数なので,$\Delta H^\circ(298) = \Delta H^\circ_{\text{reaction}}(298) - 298\Delta C^\circ_{\text{p}}$ としてエンタルピー変化を定義し直すと,

$$\Delta H^\circ_{\text{reaction}}(T) = \Delta H^\circ_{\text{reaction}}(298) - 298\Delta C^\circ_{\text{p}} + T\Delta C^\circ_{\text{p}}$$
$$= \Delta H^\circ(298) + T\Delta C^\circ_{\text{p}} \quad (4.28)$$

となる.ここで,$\Delta C^\circ_{\text{p}}$ がとても小さければ,$\Delta H^\circ_{\text{reaction}}(T) \approx \Delta H^\circ(298)$ で温度変化はない.

一方,エントロピーと定圧熱容量の関係を見てみよう.系の温度が上昇すれば,物質の動きが活発になるので,エントロピーが増大する.したがって物質がより多くのエネルギーを吸収すれば,その分エントロピーの増大も大きく,定圧熱容量が大きいほど,エントロピーの温度変化も大きい.物質 A について,ある二点の温度 (T_1, T_2) の間のエントロピー変化は式 (4.29) で表される.

$$S^\circ_{\text{A}}(T_2) - S^\circ_{\text{A}}(T_1) = C^\circ_{\text{p(A)}} \ln\left(\frac{T_2}{T_1}\right) \quad (4.29)$$

ここでも,基準となる温度を 298 K として $(T_1 = 298)$,298 K からある温度 T におけるエントロピー変化を考えると,式 (4.29) は

$$S^\circ_{\text{A}}(T) - S^\circ_{\text{A}}(298) = C^\circ_{\text{p(A)}} \ln\left(\frac{T}{298}\right) \quad (4.30)$$

となる.物質 B についても同様に,

$$S^\circ_{\text{B}}(T) - S^\circ_{\text{B}}(298) = C^\circ_{\text{p(B)}} \ln\left(\frac{T}{298}\right) \quad (4.31)$$

となるので,反応のエントロピー変化 $(\Delta S^\circ_{\text{reaction}}(T) = S^\circ_{\text{B}}(T) - S^\circ_{\text{A}}(T))$ は,

$$\Delta S^\circ_{\text{reaction}}(T) = S^\circ_{\text{B}}(T) - S^\circ_{\text{A}}(T)$$
$$= S^\circ_{\text{B}}(298) - S^\circ_{\text{A}}(298) + (C^\circ_{\text{p(B)}} - C^\circ_{\text{p(A)}}) \ln\left(\frac{T}{298}\right) \quad (4.32)$$

となる．ここで，
$$\Delta S^\circ_{\text{reaction}}(298) = S^\circ_{\text{B}}(298) - S^\circ_{\text{A}}(298), \quad \Delta C^\circ_{\text{p}} = C^\circ_{\text{p(B)}} - C^\circ_{\text{p(A)}}$$
とすると，式 (4.33) が得られる．
$$\Delta S^\circ_{\text{reaction}}(T) = \Delta S^\circ_{\text{reaction}}(298) + \Delta C^\circ_{\text{p}} \ln\left(\frac{T}{298}\right) \quad (4.33)$$
$\Delta C^\circ_{\text{p}} \ln(\frac{1}{298})$ が定数なので，これを $\Delta S^\circ_{\text{reaction}}(298)$ の中へ入れると
$$\Delta S^\circ_{\text{reaction}}(T) = \Delta S^\circ_{\text{reaction}}(298) - \Delta C^\circ_{\text{p}} \ln(298) + \Delta C^\circ_{\text{p}} \ln T$$
$$= \Delta S^\circ(298) + \Delta C^\circ_{\text{p}} \ln T \quad (4.34)$$
になる．ここで，
$$\Delta S^\circ(298) = \Delta S^\circ_{\text{reaction}}(298) - \Delta C^\circ_{\text{p}} \ln(298) \quad (4.35)$$
である．式 (4.28), (4.34) の $\Delta H^\circ_{\text{reaction}}(T) = \Delta H^\circ$, $\Delta S^\circ_{\text{reaction}}(T) = \Delta S^\circ$ と，結合定数（K_{a}）の温度変化を考えよう．$\Delta G^\circ = \Delta H^\circ - T\Delta S^\circ$ と $\Delta G^\circ = -RT\ln(K_{\text{a}})$ の関係から，
$$R\ln(K_{\text{a}}) = -\frac{\Delta G^\circ}{T} = -\frac{1}{T}(\Delta H^\circ - T\Delta S^\circ) = -\frac{\Delta H^\circ}{T} + \Delta S^\circ$$
$$= -\frac{\Delta H^\circ(298)}{T} - \Delta C^\circ_{\text{p}} + \Delta S^\circ(298) + \Delta C^\circ_{\text{p}} \ln T$$
$$= -\frac{\Delta H^\circ(298)}{T} + \Delta C^\circ_{\text{p}} \ln T + \left(\Delta S^\circ(298) - \Delta C^\circ_{\text{p}}\right) \quad (4.36)$$
$\Delta C^\circ_{\text{p}} = 0$ の場合，各温度で得られた結合定数をもとに，$R\ln(K_{\text{a}})$ を $\frac{1}{T}$ に対してプロットすると，直線が得られ，その傾きと切片から $\Delta H^\circ(298)$ と $\Delta S^\circ(298)$ が求められる．一方，疎水効果が起こる場合など $\Delta C^\circ_{\text{p}}$ を無視できない場合，式 (4.36) を用い，実験値をフィットして $\Delta H^\circ(298), \Delta S^\circ(298), \Delta C^\circ_{\text{p}}$ を求める必要がある．

4.3 協同性

　分子認識は，複数の原子間にはたらく比較的弱い相互作用に基づき，これらが互いに影響しあうため，それぞれの効果の単純な足しあわせにならない．このような複合的にはたらく効果を**協同性**（cooperativity）と呼び，**キレート協同性**（chelate cooperativity）と，**アロステリック協同性**（allosteric cooperativity）という二つの異なる効果がある．

4.3.1 キレート協同性

複数の結合部位をもつモデルとして，図 4.1(a) に示す二分子（H と G）の複合体形成を考えよう．ホスト分子（H）には四角と丸の形をした結合部位があり，そこへ A と B がそれぞれ結合する．一方，ゲスト分子（G）はホスト分子の二つの結合部位の間隔にちょうど合うように A と B が連結されている．ここで H と G の結合におけるギブズエネルギー変化（ΔG）は，式 (4.37) で表される．

$$\Delta G^\circ_{AB} = \Delta G^i_A + \Delta G^i_B + \Delta G^c \tag{4.37}$$

ここで，ΔG^i_A と ΔG^i_B はそれぞれ，A, B が結合する際の本質的な自由エネルギー変化で，ΔG^c は A と B を連結したことで H と G の結合の自由エネルギー変化に及ぼす寄与に相当する．A と B を連結するとホストに強く結合する（負に大きな ΔG°_{AB}）．これはエントロピー的な寄与によって説明される．H と G が結合すると，それぞれの分子の並進，回転の自由度が失われ，複合体の形成はエントロピー的に不利である．ここで，A と B の連結を切った状態を考えよう．このとき，H へ A と B がそれぞれ結合する際に，その都度エントロピーの損失が起こる（図 4.1(b)）．一方，あらかじめ A と B を連結させておくと，例えば先に A が H と結合するとき，同程度のエントロピーの損失があるが，一度 A が H に結合すると，残る B と H との結合は分子内反応とみなせるので，大きなエントロピーの損失無しに，B が結合する（図 4.1(c)）．このため A と B が連結した G では，複合体形成におけるエントロピーの損失が少なく，その分有利である．この連結の効果を**キレート協同性**と呼び，もともと金属イオン（M^{n+}）とエチレンジアミン（$NH_2CH_2CH_2NH_2$）のような多座配位子との配位結合の形成の際に観測されたものである．ここで，M^{n+} とアンモニア（NH_3）が結合し，$[M(NH_3)_2]^{n+}$ を形成する場合を考えよう（式 (4.38)）．

$$M^{n+} + 2NH_3 \rightleftarrows [M(NH_3)_2]^{n+} \tag{4.38}$$

この反応は二段階で進行し，二つの結合定数が存在する．

$$M^{n+} + NH_3 \rightleftarrows [M(NH_3)]^{n+} \quad : K_1 \tag{4.39}$$

$$[M(NH_3)]^{n+} + NH_3 \rightleftarrows [M(NH_3)_2]^{n+} \quad : K_2 \tag{4.40}$$

式 (4.38) の結合定数 K は

$$K = K_1 \cdot K_2 \tag{4.41}$$

4.3 協同性

で表される.ここで一つ目のアンモニアの結合が二つ目のアンモニアの結合に全く影響を及ぼさなければ,$K_1 = K_2$ である.次に,結合部位を連結したエチレンジアミンを考えよう.この場合も二つの結合定数 (K_1, K_2) が存在する.

$$\begin{CD} \text{NH}_2\text{-NH}_2 + M^{n+} @>{K_1}>{}> \text{[N H}_2\text{-M}^{n+}\text{-NH}_2\text{]} @>{K_2}>{}> \text{[N H}_2\text{-M}^{n+}\text{-N H}_2\text{]} \end{CD} \quad (4.42)$$

二段階目の反応は分子内反応で,エントロピー的な損失は小さい.したがって,$K_2 > K_1$ で,このように二つ目の結合が一つ目の結合より強い場合,

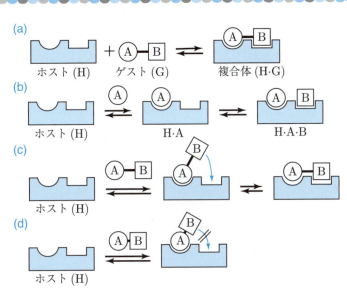

図 4.1 (a) 二つの結合部位をもつホスト (H) とゲスト (G) との相互作用.**(b)** ゲストの二つの結合部位を切り離すと,A および B の結合は共に分子間反応になる.**(c)** A と B が連結されたゲスト (G) では,はじめに A が結合した後,B と H との結合は分子内反応になり,エントロピーの損失が少ない.**(d)** A と B の連結を短くすると,A の結合の後に B が結合しにくくなり,K_2 が小さくなり,負の協同性が発現する.

正の協同性（positive cooperativity）と呼び，逆に二つ目の結合の方が弱い場合を**負の協同性**（negative cooperativity）と呼ぶ．例えば，図 **4.1**(d) のように，A と B の連結を極端に短くし，A が H に結合すると，つづく B と H の結合が不利になり，負の協同性が発現する．

次に，式 (4.37) の $\Delta G_A^i, \Delta G_B^i$ について考えよう．ΔG_A^i は A と H が相互作用するとき，歪みやエントロピーに何の変化も与えないとした場合の，A が H と G の結合に及ぼす寄与で，H·G 複合体の形成の自由エネルギー変化（ΔG_{AB}°）から B とホストの結合における自由エネルギー変化（ΔG_B°）を差し引いたものである（式 (4.43)）．B についても同様に ΔG_B^i を定義できる（式 (4.44)）．

$$\Delta G_A^i = \Delta G_{AB}^\circ - \Delta G_B^\circ \tag{4.43}$$

$$\Delta G_B^i = \Delta G_{AB}^\circ - \Delta G_A^\circ \tag{4.44}$$

これらの式を式 (4.37) へ代入すると，

$$\Delta G_{AB}^\circ = (\Delta G_{AB}^\circ - \Delta G_B^\circ) + (\Delta G_{AB}^\circ - \Delta G_A^\circ) + \Delta G^c$$
$$= 2\Delta G_{AB}^\circ - \Delta G_B^\circ - \Delta G_A^\circ + \Delta G^c \tag{4.45}$$

となり，ΔG^c について表すと，

$$\Delta G^c = \Delta G_A^\circ + \Delta G_B^\circ - \Delta G_{AB}^\circ \tag{4.46}$$

である．ΔG^c から協同性の寄与を知ることができ，$\Delta G^c > 0$ なら負の協同性，$\Delta G^c < 0$ なら正の協同性である．そこで，実験的に ΔG^c を見積もるために，$\Delta G_A^\circ, \Delta G_B^\circ, \Delta G_{AB}^\circ$ と各結合定数との関係を式 (4.47)-(4.49) で表し，

$$\Delta G_A^\circ = -RT\ln(K_A) \tag{4.47}$$

$$\Delta G_B^\circ = -RT\ln(K_B) \tag{4.48}$$

$$\Delta G_{AB}^\circ = -RT\ln(K_{AB}) \tag{4.49}$$

これらを式 (4.46) へ代入すると，

$$\Delta G^c = RT\ln\left(\frac{K_{AB}}{K_A K_B}\right) \tag{4.50}$$

となり，各結合定数を求めると，連結の効果を見積もることができる．

4.3.2 アロステリック協同性

図 4.2 に示す四つの同じ分子認識部位をもつホスト分子（H）を考えよう．ここへゲスト分子（G）が結合するとき，以下の平衡が成り立つ

$$H + G \rightleftarrows H{\cdot}G, \quad K_1 = \frac{[H{\cdot}G]}{[H][G]} \tag{4.51}$$

$$H{\cdot}G + G \rightleftarrows H{\cdot}G_2, \quad K_2 = \frac{[H{\cdot}G_2]}{[H{\cdot}G][G]} \tag{4.52}$$

$$H{\cdot}G_2 + G \rightleftarrows H{\cdot}G_3, \quad K_3 = \frac{[H{\cdot}G_3]}{[H{\cdot}G_2][G]} \tag{4.53}$$

$$H{\cdot}G_3 + G \rightleftarrows H{\cdot}G_4, \quad K_4 = \frac{[H{\cdot}G_4]}{[H{\cdot}G_3][G]} \tag{4.54}$$

ここで，四つの結合部位の間に相互作用が無ければ，各結合部位それぞれが孤立した状態と同じで，$K_1 = K_2 = K_3 = K_4$ となり，協同効果は発現しない．一方，一つの結合部位に G が結合すると，残りの三つの結合部位と G との結合力が増す場合，$K_1 < K_2 < K_3 < K_4$ となって，正の協同性が発現する．逆に一つの結合部位に G が結合することで，残りの結合部位の結合力が低下すれば（$K_1 > K_2 > K_3 > K_4$），負の協同性が発現する．このような協同性を**アロステリック協同性**と呼ぶ．アロステリック協同性の発現は，一つ目の

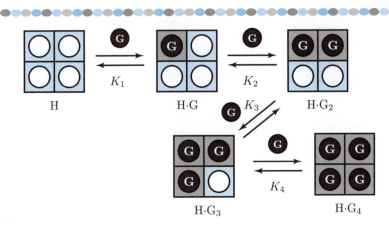

図 4.2 アロステリック協同性の模式図．

ゲスト分子が結合部位に結合することで，結合部位周りのコンフォメーション変化が起こり，周囲の結合部位のゲスト分子に対する結合能が変化するためである．このため必ずしも各結合部位が近接している必要はない．

(1) ヘモグロビンにおける協同性

アロステリック協同性を示すタンパク質に**ヘモグロビン**（hemoglobin）がある．ヘモグロビンは赤血球中に存在する**ヘムタンパク**（heme protein）の一種で，**ヘム**と呼ばれる鉄ポルフィリン（図 **4.3**(a)）が活性部位に存在し，これを使って酸素を運搬する．ヘモグロビンは，α 鎖，β 鎖の二種類のペプチドサブユニットからなる $\alpha_2\beta_2$ 型の四量体で，各サブユニットに一つのヘムが存在するため，ヘモグロビンには酸素原子の結合部位が四つ存在する．一方，筋肉中には**ミオグロビン**（mioglobin：Mb）と呼ばれる，ヘモグロビンと良く似たタンパク質が存在する．ミオグロビンは単量体で，一つのヘムしかもたず，酸素の貯蔵を担う．これらのタンパク質の結合部位は似ているが，機能は酸素分子の「運搬」と「貯蔵」と異なる．この理由をアロステリック協同性をもとに考えよう．

ミオグロビンには一つの結合部位しか存在しないので，酸素分子との結合の化学平衡は式 (4.55) で表される．

$$\mathrm{Mb} + \mathrm{O}_2 \rightleftarrows \mathrm{Mb}(\mathrm{O}_2), \quad K_{\mathrm{Mb}} = \frac{[\mathrm{Mb}(\mathrm{O}_2)]}{[\mathrm{Mb}][\mathrm{O}_2]} \quad (4.55)$$

酸素分子が気体なので，酸素分子の濃度 $[\mathrm{O}_2]$ を分圧（$p(\mathrm{O}_2)$）で書き表せて，

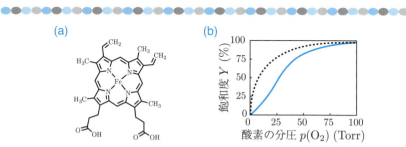

図 **4.3** (a) ヘムの構造式．(b) ヘモグロビンに対する酸素の結合は S 字曲線を示す（実線）．破線はミオグロビンなど，一般的な 1：1 の結合における飽和曲線．

4.3 協同性

$$K_{\mathrm{Mb}} = \frac{[\mathrm{Mb}(\mathrm{O}_2)]}{[\mathrm{Mb}]p(\mathrm{O}_2)} \quad (4.56)$$

となる．ここで，半分のミオグロビンがオキシ型 ($\mathrm{Mb}(\mathrm{O}_2)$) を形成する酸素の分圧を $p(\mathrm{O}_2)_{\frac{1}{2}}$ とすると，$[\mathrm{Mb}] = [\mathrm{Mb}(\mathrm{O}_2)]$ なので，$K_{\mathrm{Mb}} = p(\mathrm{O}_2)^{-1}$ となり，$p(\mathrm{O}_2)_{\frac{1}{2}} = K_{\mathrm{Mb}}^{-1}$ である．ミオグロビンの $p(\mathrm{O}_2)_{\frac{1}{2}}$ は 0.4 から 0.75 Torr で縦軸に**飽和度** (Y) (何%のミオグロビンが酸素と結合したかを示す) と酸素の分圧との関係を図示すると双曲線になる (図 **4.3(b)**)．一方，ヘモグロビン (Hb) では，S 字型の飽和曲線となり，ミオグロビンと全く異なる．これはなぜだろうか．ヘモグロビンには四つの結合部位があるが，ここでは，n 個の酸素原子を結合できるとして，以下の化学平衡を考えよう．

$$\mathrm{Hb} + n\cdot\mathrm{O}_2 \rightleftarrows \mathrm{Hb}(\mathrm{O}_2)_n, \quad K_{\mathrm{Hb}} = \frac{[\mathrm{Hb}(\mathrm{O}_2)_n]}{[\mathrm{Hb}][\mathrm{O}_2]^n} = \frac{[\mathrm{Hb}(\mathrm{O}_2)_n]}{[\mathrm{Hb}]p(\mathrm{O}_2)^n} \quad (4.57)$$

K_{Hb} の式の両辺に $p(\mathrm{O}_2)^n$ をかけると，

$$\frac{[\mathrm{Hb}(\mathrm{O}_2)_n]}{[\mathrm{Hb}]} = K_{\mathrm{Hb}}p(\mathrm{O}_2)^n \quad (4.58)$$

となる．飽和度 (Y) は，

$$Y = \frac{[\mathrm{Hb}(\mathrm{O}_2)_n]}{[\mathrm{Hb}(\mathrm{O}_2)_n]+[\mathrm{Hb}]} = \frac{[\mathrm{Hb}(\mathrm{O}_2)_n]/[\mathrm{Hb}]}{[\mathrm{Hb}(\mathrm{O}_2)_n]/[\mathrm{Hb}]+1} = \frac{K_{\mathrm{Hb}}p(\mathrm{O}_2)^n}{1+K_{\mathrm{Hb}}p(\mathrm{O}_2)^n} \quad (4.59)$$

となる．この式の両辺に $(1+K_{\mathrm{Hb}}p(\mathrm{O}_2)^n)$ をかけると，

$$Y(1+K_{\mathrm{Hb}}p(\mathrm{O}_2)^n) = K_{\mathrm{Hb}}p(\mathrm{O}_2)^n \quad (4.60)$$

となり，$K_{\mathrm{Hb}}p(\mathrm{O}_2)^n$ でまとめると，

$$Y = K_{\mathrm{Hb}}p(\mathrm{O}_2)^n(1-Y) \quad (4.61)$$

と変換でき，

$$K_{\mathrm{Hb}}p(\mathrm{O}_2)^n = \frac{Y}{1-Y} \quad (4.62)$$

となる．両辺の log を取ると，

$$\log\left(\frac{Y}{1-Y}\right) = \log\left(K_{\mathrm{Hb}}p(\mathrm{O}_2)^n\right) = \log K_{\mathrm{Hb}} + n\cdot\log p(\mathrm{O}_2) \quad (4.63)$$

と変換され，$\log p(\mathrm{O}_2)$ に対して $\log\frac{Y}{1-Y}$ をプロットし，得られた直線の傾きから n が求められる．この n を**ヒル係数**と呼び，協同性を評価する指標となる．$n=1$ のとき，各結合部位間に相互作用がはたらかず，協同性はない．$n>1$ のときは正の協同性を，$n<1$ のときは負の協同性を意味する．ヘモグロビンのヒル係数は 2.4 で正の協同性を示す．

このようにヘモグロビンとミオグロビンの酸素分圧に対する応答性に大きな違いがあるが，両者の機能とどのような関わりがあるのだろうか．ヘモグロビンは酸素の運搬に関わるため，酸素を結合するとともに，効率的に放出も行わなければならない．すなわち，酸素濃度の高い肺で酸素分子に対して高い結合力を示し，酸素濃度の低い抹消で酸素との結合力を低下させ，効率良く酸素を放出する必要がある．ヘモグロビンの酸素に対する飽和曲線を見ると（図 **4.3**(b)），S 字を示すことから，低分圧下では酸素分子の結合率が低く，ある酸素分圧付近で急激に酸素の飽和率が増加する．一方，ミオグロビンでは，分圧の上昇とともに，飽和率が増加し，とても分圧の低いところでは，急激に飽和率が上昇するものの，中間的な分圧領域では，酸素の分圧の変化に対して飽和率は大きく変化しない．このようにヘモグロビンはある中間的な分圧領域に対して，敏感に酸素の飽和率を変化させ，この領域で酸素分子の受け渡しをしているのである．これが運搬を担うヘモグロビンが正の協同性を示す理由で，貯蔵の機能を担うミオグロビンにこの機能は必要ない．

つづいて，ヘモグロビンの酸素分子の結合部位について考えよう．酸素分子はヘムの Fe(II) イオンに結合する．ヘムの Fe(II) イオンはポルフィリン環の四つの窒素原子と周囲に存在するヒスチジン残基（His）が結合した五配位構造を形成する（図 **4.4**(a)）．また，Fe(II) イオンはイオン半径（0.78 Å）が大きいため，ポルフィリン環の中に収まらず，四つの窒素原子がつくる平面の上に存在

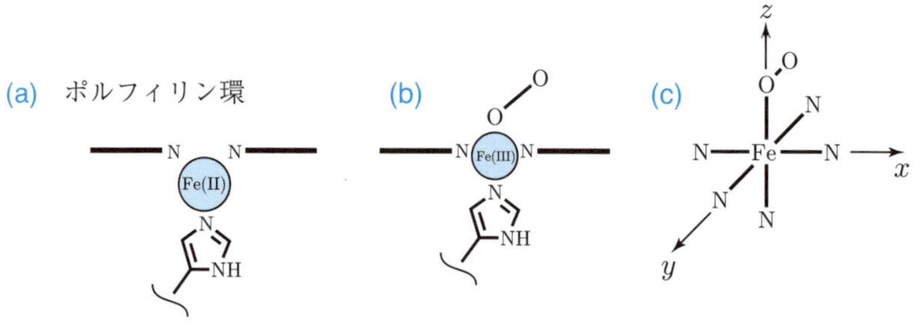

図 **4.4** **(a)** ヘモグロビンのヘム周辺の構造の模式図．**(b)** 酸素分子の結合した状態におけるヘモグロビンのヘム周辺の模式図．**(c)** ヘムの鉄イオン中心は擬似的な正八面体構造である．

4.3 協同性

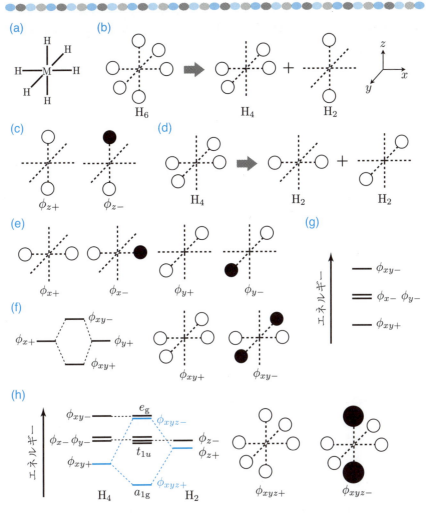

図 4.5 **(a)** 正八面体型錯体のモデルとして MH_6 を考える．**(b)** H_6 のグループ軌道をつくるために H_4 と H_2 に分割する．**(c)** H_2 は水素分子と同じように，結合性軌道（ϕ_{z+}）と反結合性軌道（ϕ_{z-}）からなる．**(d)** H_4 のグループ軌道は二つの H_2 に分割し，これらからつくる．**(e)** 二つの H_2 の結合性軌道と反結合性軌道．**(f)** ϕ_{x+} と ϕ_{y+} のみが相互作用し，ϕ_{xy+} と ϕ_{xy-} を形成する．**(g)** H_4 のエネルギー準位図．**(h)** H_4 と H_2 からつくられる H_6 のエネルギー準位図，および ϕ_{xyz+} と ϕ_{xyz-} 軌道の模式図．

している．このような状態を**ドーミング**（doming）と呼ぶ．酸素分子が Fe(II) イオンに結合すると，Fe(II) イオンが Fe(III) イオンに酸化され，イオン半径が小さくなり，ポルフィリン平面に収まり八面体型六配位構造を形成する．ここで，酸素分子が鉄イオンに結合した状態を考えよう．鉄イオンに配位する六つの原子は全て等しくないので，厳密には鉄イオンの環境は正八面体ではないが（図 **4.4(c)**），ここでは，簡単のため正八面体として扱い，モデルとして ML_6 型錯体（M は遷移金属イオン，L は配位子）の分子軌道を作成する．鉄イオンに対する配位結合は d 軌道（3d 軌道）を含めて考える必要がある．遷移金属錯体の配位結合を考える場合，関わる原子軌道は $nd, (n+1)s, (n+1)p$ 軌道である．原子状態における原子軌道のエネルギー準位は $(n+1)s < nd < (n+1)p$ だが，イオンでは，$nd < (n+1)s < (n+1)p$ となる．また，配位子（L）の関わる軌道は簡単のためにs軌道（水素原子）としよう（図 **4.5(a)**）．したがって，金属イオン（M）から九つ，配位子から六つの軌道が関わるので，合計 15 個の分子軌道ができる．はじめに，六つの配位子のs軌道から**グループ軌道**を作成しよう．グループ軌道とは，六つのs軌道を正八面体の頂点に置いたときにできる軌道で，各s軌道が離れているので化学結合を形成していないが，仮想的にこのようなグループを考え，分子軌道を組み立てる．定性的なグループ軌道は以下のようにつくる．はじめに，xy 平面上の四つのs軌道からなるグループと z 軸上に位置する二つのs軌道からなるグループに分割する（図 **4.5(b)**）．z 軸上の二つのs軌道からなるグループ軌道は簡単で，これは水素分子の二つの水素を引き離した状態である．結合性軌道と反結合性軌道をそれぞれ ϕ_{z+}, ϕ_{z-} とする．一方，xy 平面上の四つのs軌道からできるグループ軌道については，x 軸上の二つのs軌道からできるグループ軌道（ϕ_{x+}, ϕ_{x-}）と y 軸上にある二つのs軌道からなるグループ軌道（ϕ_{y+}, ϕ_{y-}）との相互作用に基づいて形成できる．ここで，ϕ_{x-} と ϕ_{y-} が相互作用すると，それぞれのs軌道間の重なり積分の合計がゼロなので，両者から新しいグループ軌道は生成せず，それぞれ，ϕ_{x-} と ϕ_{y-} が残る．同様に，ϕ_{x+} と ϕ_{y-} や ϕ_{x-} と ϕ_{y+} についても，重なり積分がゼロで，相互作用は起こらない．したがって，相互作用が起こる軌道の組合せは ϕ_{x+} と ϕ_{y+} だけで，これらから，結合性軌道（ϕ_{xy+}）と反結合性軌道（ϕ_{xy-}）が生成する．すなわち，xy 平面上の四つのs軌道からなるグループ軌道は，$\phi_{xy+}, \phi_{xy-}, \phi_{x-}, \phi_{y-}$ の四つである．最後にこれらの四つの軌道と

4.3 協同性

z 軸上の s 軌道からつくったグループ軌道（ϕ_{z+} と ϕ_{z-}）との相互作用を考える．ここで，ϕ_{z-} については，いずれも重なり積分がゼロとなり，そのまま残る．一方，ϕ_{z+} については，ϕ_{xy+} のみが相互作用可能で，この二つの軌道間の相互作用により結合性軌道（ϕ_{xyz+}）と反結合性軌道（ϕ_{xyz-}）ができる．結果として，$\phi_{xyz+}, \phi_{xyz-}, \phi_{xy-}, \phi_{x-}, \phi_{y-}, \phi_{z-}$ の六つになる．

これら六つのグループ軌道のエネルギー準位の序列は軌道の節面の数から判断できる．ϕ_{xyz+} は節面が無いので最も安定で，$\phi_{x-}, \phi_{y-}, \phi_{z-}$ は節面が一つあり，方向が異なるだけで同じ軌道なのでこれらは縮重（縮退）する．最後に ϕ_{xyz-} と ϕ_{xy-} には二つの節面がある．両者の軌道の形が異なるため，これだけでは両者の安定性を判断するのは難しいが，実際には縮重している．

縮重しているか判断する方法として群論を使うことがある．各軌道にはその分子の対称性を反映して，対称性に基づいて分類した**指標**（character）と呼ばれる記号が付けられる．ここでは正八面体の対称性をもつ分子を考えているので，それに基づいて，上記の六つのグループ軌道は，それぞれ，ϕ_{xyz+} は A_{1g}，ϕ_{xyz-} と ϕ_{xy-} は E_g，$\phi_{x-}, \phi_{y-}, \phi_{z-}$ は T_{1u} と分類される．指標の異なる軌道間の重なり積分はゼロで，分子軌道の形成は起こらない．多くの軌道がある場合，どの軌道とどの軌道が相互作用するのか，視覚的に判断することが難しい場合がある．ただし各軌道の指標（対称性）がわかっていれば，同じもの同士以外は相互作用しないため簡単に判断できる．

六つのグループ軌道と金属イオンの九つの原子軌道との相互作用を考えよう．正八面体の中心に金属イオンが位置する場合，各原子軌道の対称性は，**指標表**（character table）という表を用いて調べることができる．表 4.1 に正八面体（点群 O_h）の指標表を示すが，ここでは表の一番右側にある部分だけを使う．例えば，p_x 軌道は x 軸上にあり，原点を境に位相の変換があり，これは x 軸と同じである．そのため，p_x 軌道の指標は x 軸と同じで，対称性は T_{1u} とわかる．また p_y, p_z 軌道も T_{1u} である．同様に，五つの d 軌道も判断でき，d_{xy}, d_{yz}, d_{xz} 軌道は T_{2g} であり，$d_{x^2-y^2}, d_{z^2}$（正確には $d_{2z^2-x^2-y^2}$）軌道は E_g である．残る s 軌道については，対応する記号が表にないが，s 軌道は球対称で最も対称性が高いことから，表の一番上にある A_{1g} である．このように金属イオンの原子軌道の対称性を調べることができたので，六つのグループ軌道と同じ対称性をもつものをまとめると，次のようになる．

A_{1g}：s, d_{z^2} 軌道 $- \phi_{xyz+}$
T_{1u}：p_x, p_y, p_z 軌道 $- \phi_{x-}, \phi_{y-}, \phi_{z-}$
E_g：$d_{x^2-y^2}, d_{z^2}$ 軌道 $- \phi_{xyz-}, \phi_{xy-}$
T_{2g}：d_{xy}, d_{yz}, d_{xz} 軌道 $-$ 相互作用する軌道無し

これらの軌道間の相互作用をエネルギーダイアグラムとして示すと図 **4.6** になる．各分子軌道にはその対称性がわかるように指標が書かれているが，軌道については，t_{1u}, e_g などと小文字で示すことになっている．また，反結合性軌道については，* 印を付して示してある．ここで，配位子からなるグループ軌道は金属イオンの原子軌道よりも低エネルギーにあるが，これは配位結合の形成において常に成り立つことである．配位原子の電気陰性度が金属イオンよりも高いために，より電子を安定化できるので，配位原子の軌道のエネルギー準位は金属イオンの原子軌道よりも低い．生成する合計 15 個の分子軌道を見ると，下から六つの軌道は結合性軌道で，その上に三つの d 軌道由来の非結合性軌道 (t_{2g}) があり，その上に六つの反結合性軌道が存在する．また，各分子軌道の性質はもととなる軌道のうちエネルギーの近い方の寄与が大きいため (1.2.1 項)，結合性軌道は配位子の性質が強く，反結合性軌道は金属イオンの性質が強い．通常，配位原子には非共有電子対があり，これらが配位結合に関わるので，配位子のグループ軌道には電子が充填されている．これら合計 12 個の電子を分子軌道へ充填すると，全ての結合性軌道に電子が充填される．Fe(II) イオンの価電子は六つなので，これらがさらに分子軌道へ充填されていく．すると，六つの電子は t_{2g} 軌道と e_g^* 軌道に充填される．通常，基底状態における電子配置はフントの規則に従い，安定な軌道から充填されるが，t_{2g} 軌道と e_g^* 軌道のエネルギーが近い場合，はじめ三つの電子が t_{2g} 軌道へ充填されたのちに，エネルギーが高い e_g^* 軌道へ充填されることがある．これは一つの軌道に二つの電子を対にして入れることによる反発（**スピン対形成エネルギー**）が t_{2g} 軌道と e_g^* 軌道のエネルギー差（ΔE）よりも小さい場合で，電子対を形成せずに，上の軌道へ入る方が安定なためである．このような電子配置を取る錯体では，電子対を形成しない電子が多く存在するので**高スピン錯体**（high spin complexes）と呼ぶ．一方，t_{2g} 軌道を全て電子で充填してから e_g^* 軌道へ電子を充填するような錯体を**低スピン錯体**（low spin complexes）と呼ぶ．錯体が高スピン型になるか低スピン型になるかは，t_{2g} 軌道と e_g^* 軌道のエネルギー差に依存する．例

えばここで考えているような金属イオンと配位子の間に σ 結合の寄与しかない場合，より e_g^* 軌道が不安定化すれば低スピン型を取りやすい．すなわち，金属イオンと配位子の間の結合が強いほどその傾向が強い（結合性 e_g 軌道が安定化し，同様に反結合性 e_g^* 軌道は不安定化する）．また，金属イオンと配位原子の間に π 結合を形成する場合は t_{2g} 軌道のエネルギー準位が変化するのでその寄与も関与する（4.3.2(2) 項）．

ヘモグロビンに酸素分子が結合した状態を考えるには，もう少し手続きが必要で，酸素分子の分子軌道を考える必要がある．そこで酸素分子の定性的な分子軌道も求めておこう．酸素原子の荷電子は 2s, 2p 軌道にあり，この軌道だけ考える．O–O 結合軸を z 軸として（図 4.7(a)），原子軌道間の相互作用を調べると，重なり積分がゼロにならない軌道の組合せは次のようになる．

σ 結合：$2s, 2p_z \cdots 2s, 2p_z$
π 結合：$2p_x \cdots 2p_x$
π 結合：$2p_y \cdots 2p_y$

ここで，$2s$–$2p_z$ 軌道間の相互作用もあるが，酸素原子の 2s 軌道と 2p 軌道のエネルギー差が大きいため，両者の相互作用はとても弱く無視できる．したがって，問題は単純で，以下の軌道間の相互作用を考えれば良い．

表 4.1 点群 O_h の指標表．

O_h	E	$8C_3$	$6C_2$	$6C_4$	$3C_2$	i	$8S_6$	$6\sigma_d$	$6S_4$	$3\sigma_h$		
A_{1g}	1	1	1	1	1	1	1	1	1	1		$x^2+y^2+z^2$
A_{2g}	1	1	−1	−1	1	1	1	−1	−1	1		
E_g	2	−1	0	0	2	2	−1	0	0	2		$2z^2-x^2-y^2,$ x^2-y^2
T_{1g}	3	0	−1	1	−1	3	0	−1	1	−1		
T_{2g}	3	0	1	−1	−1	3	0	1	−1	−1		xy, xz, yx
A_{1u}	1	1	1	1	1	−1	−1	−1	−1	−1		
A_{2u}	1	1	−1	−1	1	−1	−1	1	1	−1		
E_u	2	−1	0	0	2	−2	1	0	0	−2		
T_{1u}	3	0	−1	1	−1	−3	0	1	−1	1	x, y, z	
T_{2u}	3	0	1	−1	−1	−3	0	−1	1	1		

(a)

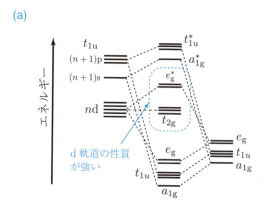

(b)

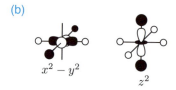

(c)

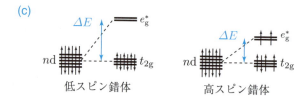

図 4.6 (a) 正八面体型錯体のエネルギー準位図. (b) e_g^* 軌道の模式図. (c) d^6 錯体における，高スピン型と低スピン型錯体の電子配置.

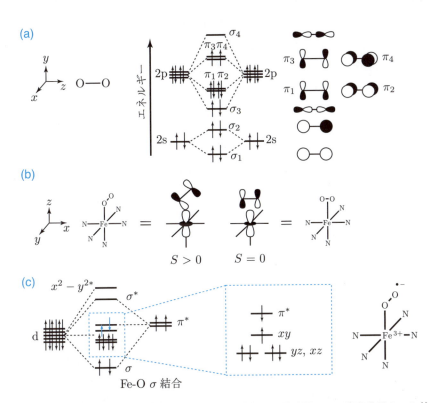

図 4.7 (a) 酸素分子の分子軌道とエネルギー準位図の模式図. (b) 酸素分子の π^* 軌道と z^2 軌道との相互作用. 重なり積分 (S) が最大となる配向は酸素分子が斜めから Fe イオンに配位する状態である. (c) Fe(II) イオンと酸素との結合によるエネルギー準位の模式図. d 軌道由来の軌道のエネルギー準位と z^2 軌道との相互作用に関わる軌道のみ示されている. xy, yz, xz, π^* 軌道はエネルギーが近いため, これら四つの軌道に Fe(II) イオンの六つの電子が充填される. π^* 軌道と xy 軌道の電子スピンが反対であるのは, この錯体が反磁性である実験結果に基づく(ワイスモデル). Fe(II) イオンの一つの電子が酸素分子に局在化した π^* 軌道へ充填されるため, Fe(II) イオンから酸素分子への電子移動が起こったことを意味し, Fe(III) にスーパーオキシドが配位した環境である.

σ 結合：2s–2s
σ 結合：$2p_z$–$2p_z$
π 結合：$2p_x$–$2p_x$
π 結合：$2p_y$–$2p_y$

これらの結果をまとめたものが図 4.7(a) に示されている．σ 結合は π 結合に比べて重なり積分が大きいので，結合性軌道はより安定で，反結合性軌道はより不安定であることから，各分子軌道の序列が決まる．電子を充填すると，酸素分子では縮重した反結合性の π^* 軌道（π_3, π_4）に二つの電子がスピンを平行に充填されている．金属イオンの d_{z^2} 軌道と相互作用する酸素分子の分子軌道はこの π^* 軌道である．d_{z^2} 軌道と π^* 軌道との相互作用を図示すると（図 4.7(b)），π^* 軌道の二つの p 軌道の位相が逆なので，O–O 結合の真上から d_{z^2} 軌道が近づくと重なり積分はゼロになってしまう．最大の相互作用を得るには，酸素分子が斜めから近づけば良い．酸素分子の二つの π^* 軌道のうち一つが d_{z^2} 軌道と σ 軌道を形成し，他方は非結合性軌道になる．π^* 軌道と Fe(II) イオンの d 軌道のエネルギー準位が比較的近く，分子軌道を形成すると，非結合性の π^* 軌道は t_{2g} 軌道の少し上に位置する．図 4.7(c) に酸素分子が結合した状態のエネルギー準位図を示す．先ほどは，三つの t_{2g} 軌道が縮重していたが，xy 平面と z 軸の配位環境が異なるので，t_{2g} 軌道のうち，d_{xy} 軌道は d_{yz}, d_{xz} 軌道とエネルギーが異なる．結合性軌道に各配位子から合計 12 個の電子が充填されるが，Fe(II) イオンの六つの電子の充填の仕方は少し変わる．まず，酸素分子が結合すると，Fe(II) イオンはポリフィリンの中に収まっており（図 4.4(b)），酸素分子の結合前に比べて Fe–N 結合が強くなり，低スピン型を取るようになる．また，d_{xy}, d_{yz}, d_{xz} 軌道，酸素分子由来の π^* 軌道のエネルギーが近いため，先ほどの高スピン型の錯体の形成の場合と同じように電子の充填が起こり，六つの電子が $d_{xy}, d_{yz}, d_{xz}, \pi^*$ 軌道へ充填される．ここで，酸素が結合した状態の Fe イオンは反磁性であるという実験結果があり，上向きのスピンと下向きのスピンが同数あることを示している．これに合うモデルとして，d_{xy} 軌道と π^* 軌道に充填されている電子スピンが反平行に位置していると考えられている（ワイス（Weiss）モデル）．この電子配置を見ると，一つの電子が酸素分子由来の π^* 軌道に充填されるため，Fe(II) イオンの一つの電子が酸素分子へ移動したことになる．したがって，酸素分子がヘムに結合すると，Fe(II) イオンから酸素

分子へ一電子移動が起こり，低スピン型の Fe(III) イオンにスーパーオキシド ($O_2{}^{\cdot-}$) が結合した状態と解釈できる．

(2) ヘムと一酸化炭素（CO）との結合

一酸化炭素（CO）を吸引すると，窒息死の恐れがあるが，これは CO が酸素分子 (O_2) に比べヘムに強く結合するためである．酸素分子の一つの酸素原子を炭素に置き換えると，なぜそれほど結合が強くなるのだろうか．そこで，CO の分子軌道を作成し，Fe(II) イオンとの結合を考えよう．

CO の分子軌道も O_2 で見たときと基本的に同じだが，異なる原子が結合しているためにやや複雑になる．酸素は炭素に比べて電気陰性度が高いので，炭素と酸素の $2s, 2p$ 軌道同士を比べると酸素の方が炭素に比べてエネルギーは低い（図 4.8）．相互作用する軌道を探すと，O_2 と同じように，次のようになる．

σ 結合 : $2s, 2p_z\text{--}2s, 2p_z$
π 結合 : $2p_x\text{--}2p_x$
π 結合 : $2p_y\text{--}2p_y$

ここで，σ 軌道の作成が難しいが，次のように考えると簡単に分子軌道を求められる．酸素，炭素から合計四つの軌道 ($2s_{(C)}, 2p_{z(C)}, 2s_{(O)}, 2p_{z(O)}$) が関わるので，四つの σ 性の分子軌道ができる．これをエネルギー準位図に図示し，安定な順に $1\sigma, 2\sigma, 3\sigma, 4\sigma$ とする．ここで，三つの軌道の相互作用から分子軌道を形成する方法を思い出そう（1.2.1 項）．最も安定な 1σ 軌道はエネルギー的に $2s_{(C)}, 2s_{(O)}, 2p_{z(O)}$ と近いので，これら三つを考慮し分子軌道をつくる．最も安定な軌道をつくるには，$2s_{(C)}\text{--}2s_{(O)}$ と $2s_{(C)}\text{--}2p_{z(O)}$ の二つの相互作用が結合的であれば良いので，1σ 軌道は定性的に

$$1\sigma = 2s_{(C)} + 2s_{(O)} + 2p_{z(O)} \tag{4.64}$$

となる．ここで，各軌道の係数を無視している．つづいて，2σ 軌道も同じく $2s_{(C)}, 2s_{(O)}, 2p_{z(O)}$ 間の相互作用からできて，そのエネルギーが $2p_{z(O)}$ より低く，$2s_{(O)}$ に近いので，$2s_{(C)}, 2s_{(O)}, 2p_{z(O)}$ の三つの軌道の相互作用で中間的なエネルギーの軌道に相当する．したがって，2σ 軌道は

$$2\sigma = 2s_{(C)} - 2s_{(O)} + 2p_{z(O)} \tag{4.65}$$

となる．一方，$3\sigma, 4\sigma$ 軌道はエネルギー的に近い $2s_{(C)}, 2p_{z(C)}, 2p_{z(O)}$ 軌道間

の相互作用から生成し,それぞれ以下のように表される.

$$3\sigma = 2p_{z(O)} - 2s_{(C)} + 2p_{z(C)} \quad (4.66)$$

$$4s = 2p_{z(O)} + 2s_{(C)} + 2p_{z(C)} \quad (4.67)$$

四つの σ 軌道の概略図を図 4.8(c) に示す.π 軌道も含めてエネルギー準位図を作成すると,図 4.8(b) になる.ここへ,酸素原子と炭素原子の合計八つの荷電子を充填すると,3σ 軌道まで電子が充填される.ここで CO が Fe(II) へ配位するので,これに関わる CO の分子軌道は HOMO の 3σ である.3σ 軌道には炭素と酸素原子間に結合的な相互作用があるものの,とても小さく,非結合性軌道と考えた方が良い.また,この軌道では炭素原子の軌道の係数の方が大

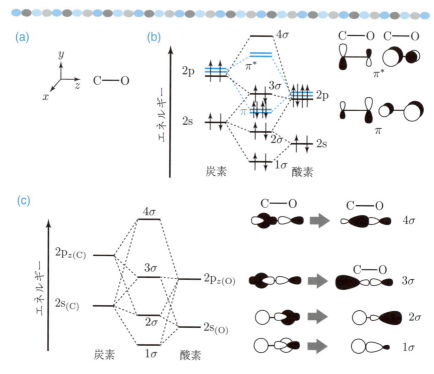

図 4.8 CO の分子軌道 (a) CO の座標系.(b) CO のエネルギー準位図の模式図.(c) σ 軌道の形成のエネルギー準位図と軌道の概略図.

きいので，炭素原子が Fe(II) イオンに配位することがわかる．酸素の電気陰性度の方が大きいので，酸素が金属イオンに配位するように思われるかもしれないが，分子軌道の解析から，CO は $C^{\delta-}-O^{\delta+}$ と分極しており炭素が金属イオンに配位する．

つづいて，CO が z 軸方向から Fe(II) イオンに配位した状況を考えよう．CO の 3σ 軌道が Fe(II) イオンの d_{z^2} 軌道と σ 結合を形成し，残る五つの配位子も同様に σ 結合を形成し，擬似的に正八面体型の構造としよう．すると Fe(II) イオンの d 軌道の性質が強い軌道は t_{2g} 軌道と e_g^* 軌道である．次に CO と Fe(II) の間の π 結合を考える．CO には π 軌道と π^* 軌道があり，これらは Fe(II) イオンの d_{xz} 軌道および d_{yz} 軌道と重なり積分がゼロではないのでどちらも相互作用する．はたして，Fe(II) イオンの d_{xz}, d_{yz} 軌道と有効に相互作用する CO の軌道は π 軌道，π^* 軌道のどちらだろうか．ここで考えるべきことは，軌道間の重なり積分と軌道間のエネルギー差である．分子軌道の安定化は軌道間のエネルギーが近づくほど大きくなり，軌道間の重なりが大きいほど大きい（1.2.1 項）．この原則にしたがって，まず軌道間の重なりを考える．CO の π および π^* 軌道を見ると，π 軌道では酸素原子の方が軌道の係数が大きく，逆に π^* 軌道は炭素原子の係数の方が大きい．CO の炭素原子が Fe 原子に結合しているので，CO の π^* 軌道の方が Fe(II) イオンの d 軌道と重なりが大きい．一方，エネルギー差について考えると，d 軌道のエネルギー準位は金属イオンによって異なるものの，ほとんどの遷移金属イオンの d 軌道は CO の π^* 軌道とエネルギー的に近い．したがって，軌道間の重なりの観点からも，軌道のエネルギー順位の差からも，遷移金属イオンの d 軌道は CO の π^* 軌道との相互作用が強い．CO の π^* 軌道と Fe(II) イオンの d_{xz}, d_{yz} 軌道を相互作用させた結果を図 4.9 に示す．d_{xz}, d_{yz} 軌道の方が CO の π^* 軌道よりもエネルギーが低いので，これらの相互作用でできる新たな分子軌道のうち，結合性軌道は d 軌道の性質が強く，これが新たな d_{xz}, d_{yz} 軌道に相当する．これらの軌道に d 軌道の電子が入り，電子の安定化が起こるので，金属イオンと配位子との間の π 結合を形成し錯体はさらに安定化する．また，この結合性軌道には CO の性質も入っているため，π 結合の形成によって，金属イオンの一部の電子が CO へ移動したとみなせる．通常，配位結合は配位子から金属イオンへの電子移動に相当する

が，この π 結合の形成では電子の流れが逆であり，このような現象を**逆電子供与**（back donation）と呼ぶ．したがって，CO が配位すると，CO と Fe(II) イオンの間の σ 結合に加え，π 結合も関与するため，酸素分子に比べて強固な配位結合が形成される．また，新しくできた d_{xz}, d_{yz} 軌道のエネルギーは π 結合の形成の前よりも下がっているので，e_g^* 軌道（$d_{x^2-y^2}, d_{z^2}$ 軌道由来の反結合性軌道）とのエネルギー差（ΔE）が広がり，このような錯体に対する d 電子の詰まり方は低スピン型になりやすい．

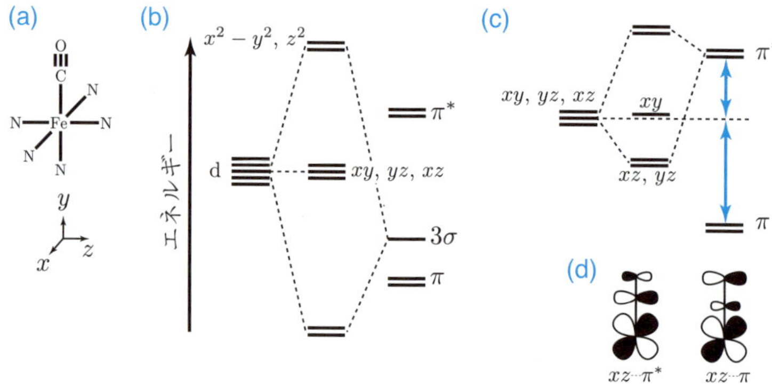

図 4.9 **(a)** CO の配位した Fe 錯体の座標系．**(b)** CO の 3σ 軌道と d 軌道との σ 性の分子軌道の形成におけるエネルギー準位図．**(c)** d 軌道と CO の π 軌道との相互作用．CO の π および π 軌道共に xz, yz 軌道と相互作用できるが，π 軌道の方がエネルギーが離れているために，寄与が小さい．**(d)** π, π* 軌道と xy, yz 軌道との相互作用では，π* 軌道の方が重なりが大きく，π* との相互作用が主にはたらく．

4.4 分子認識に関するパラメーターの決定

分子認識を理解するためには，結合がどのくらい強いのか（結合定数），また，その結合形成にどのような寄与があるのか（熱力学的パラメーター）を知ることが重要である．ここでは，これらのパラメーターの求め方を概観する．

4.4.1 結合比の決定

ある分子と分子が複合体を形成するとき，これらの組成比が明確でないことがある．このような場合，結合定数を求める前に化学量論比を調べる必要がある．化学量論比を決定するにはいくつかの方法があるが，ジョブプロット（Job plot）と呼ばれる方法を紹介する．この手法は 1928 年にジョブ（Paul Job）によって錯体に結合している配位子の数を決定する際に初めて行われた．ここで，H と G が 1:1 で結合し H·G 複合体を形成する場合を考えよう．

$$H + G \rightleftarrows H\cdot G, \quad K_a = \frac{[H\cdot G]}{[H][G]} \quad (4.68)$$

ジョブプロットでは，H と G の混合比を変えて H·G 複合体の存在量の変化を調べるが，常に H と G の初期濃度の和は一定である．すなわち，

$$[H]_0 + [G]_0 = c \, (\text{定数}) \quad (4.69)$$

である．ここで，H·G 複合体の組成比と同じである $[H]_0 : [G]_0 = 1:1$ で混合したとき，最も多くの H·G が生成する．したがって，[H·G] を初期のホスト分子の割合（$Y_H = \frac{[H]}{c}$）でプロットすると，$Y_H = 0.5$ で H·G 複合体の生成率

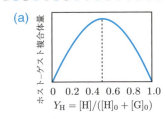 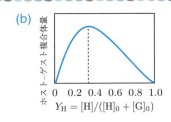

図 4.10 **(a)** 1:1 複合体（H·G）の形成におけるジョブプロット．**(b)** 1:2 複合体（HG$_2$）の形成におけるジョブプロット．

が最大になる（図 4.10(a)）．よって，組成比が未知のホスト・ゲスト複合体について，$[H]_0 + [G]_0 = $ 一定条件 で H と G の混合比を変えて複合体の形成率が最大となる混合比を調べると，組成比を知ることができる．H·G の場合は $Y_H = 0.5$，HG_2 の場合は $Y_H = 0.33$ などである（図 4.10(b)）．

ジョブプロットにより複合体の組成比を知ることができるが，それはホスト・ゲスト間の結合が十分に強く，他の平衡が混ざっていない場合に限られる．例えば，$H·G_2$ の 1：2 複合体を形成する場合（$H + 2·G \rightleftharpoons H·G_2$），実際には二段階の平衡から成り立ち（$H + G \rightleftharpoons HG(K_1)$, $HG + G \rightleftharpoons H·G_2(K_2)$），$K_2 \gg K_1$ で見かけ上，一段階とみなせる場合である．K_1 の寄与が大きくなるにつれて，ジョブプロットの山が鈍化し，だんだん頂点部分がはっきりしなくなっていく．この場合，ジョブプロットを用いると間違った結論を導くことがある．したがって，正確な解析を行う場合には，できる限り高濃度で実験を行い，最終的な複合体の存在率をできるだけ上げることである．また，最近，ジョブプロットを行う代わりに，考えられるモデル（1：1 や 1：2 など）に対して，複合体濃度 $[H·G_n]$ のゲスト分子濃度に対する変化をフィッティングし，実験結果との残差分布を調べ，最適な組成比を探す方が良いと提案されている．特に，結合定数の低い系では，ジョブプロットの成立条件を満たしていないため，残差分布の解析が必要である．

4.4.2 結合等温線

1：1 の H·G 複合体の形成を考えよう．ここで，温度一定の条件でホスト分子（H）の濃度を一定にして，ゲスト分子（G）の濃度を変化させると，複合体（H·G）の生成率が変化する．これが**結合等温線**（binding isotherm）である．図 4.11(a) に 1：1 の H·G 複合体形成における結合等温線を示す．ここで，ホストの濃度（$[H]_0$）は一定で，横軸は加えたゲストの濃度 $[G]_0$ である．ゲストを多く加えると，H·G 複合体の割合が増加し，次第に変化が無くなっていく．これはゲストが多くなることで，ほとんどのホスト分子の結合部位がゲスト分子で占有された状態で，**飽和**（saturation behavior）と呼ぶ．このようにして得られた結合等温線にフィットするように結合定数（K_a）を求めることで K_a を決定できる．初期のホスト濃度（$[H]_0$），ゲスト濃度（$[G]_0$）はそれぞれ以下のように表される．

4.4 分子認識に関するパラメーターの決定

$$[H]_0 = [H] + [H \cdot G] \tag{4.70}$$

$$[G]_0 = [G] + [H \cdot G] \tag{4.71}$$

$K_a = \frac{[H \cdot G]}{[H][G]}$ の $[H]$ へ式 (4.70) を代入し，$[H \cdot G]$ について表すと，

$$[H \cdot G] = \frac{[H]_0 K_a [G]}{1 + K_a [G]} \tag{4.72}$$

となる．ここで，$[G]$ は平衡時における系中に存在する遊離の G である．そこで，式 (4.72) の $[H \cdot G]$ へ式 (4.71) を代入すると，式 (4.73) が得られる．

$$K_a [G]^2 + (K_a [H]_0 - K_a [G]_0 + 1)[G] - [G]_0 = 0 \tag{4.73}$$

K_a としてある初期値を使い各 $[G]_0$ について $[G]$ を求め，実験値を再現する K_a を探すことになる．式 (4.72) の右辺の分母と分子を K_a で割り $K_d = K_a^{-1}$ の関係を用いて

$$[H \cdot G] = \frac{[H]_0 [G]}{K_d + [G]} \tag{4.74}$$

となる．ここで，さまざまなホスト分子の初期濃度 ($[H]_0$) を考えよう．$[H]_0 = K_d$（解離定数）の条件で実験を行い，遊離のゲスト分子の濃度が低い状態 ($[G] \ll K_d$)，すなわちホスト分子へゲスト分子を加え始めた頃は，式 (4.74) は $[H \cdot G] = [G]$ となり，加えたゲスト分子の半分が複合体を形成する．一方，遊離のゲスト分子の濃度が高い状態 ($[G] \gg K_d$)，すなわちホストへ多くのゲスト分子を加えた場合，式 (4.74) は $[H \cdot G] = [H]_0$ となり飽和する．したがって，初期濃度 ($[H]_0$) が K_d 程度で実験を行うと，ゲスト分子の添加に応じて徐々に H·G 複合体が増えていき，最後に飽和する．一方，初期濃度が K_d よりも低いと，飽和させるために多くのゲスト分子が必要になり，逆に初期濃度が K_d よりも高い

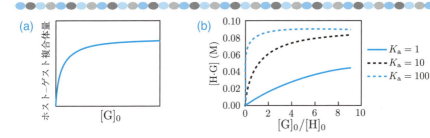

図 4.11 **(a)** 1:1 の H·G 複合体の形成における結合等温線．**(b)** 結合等温線と結合定数（K_a）との関係．

と，すぐに飽和してしまう．図 4.11(b) に初期濃度（[H] = 0.1 M）を一定として，結合定数が異なる三つの場合について結合等温線を示した．$K_a = 10\,\mathrm{M}^{-1}$ のとき，$[H]_0 = K_d$ で，ゲスト分子の増加に伴って，緩やかに H·G 複合体が増えていき，最後に飽和を迎える．このように解析に適切な結合等温線を得るためには，ホスト分子の初期濃度（$[H]_0$）が K_d 程度で実験すると良い．

4.4.3 熱力学パラメーターの決定

結合定数（K_a）と自由エネルギー変化（ΔG）の間には以下の関係がある．

$$\Delta G = -RT \ln(K_a) \tag{4.75}$$

よって，結合定数を求めると，自由エネルギー変化（ΔG）がわかる．また，ΔG はエンタルピー変化（ΔH），エントロピー変化（ΔS）と以下の関係がある．

$$\Delta G = \Delta H - T\Delta S \tag{4.76}$$

このため ΔH と ΔS が温度に対して一定であると仮定すれば，さまざまな温度で ΔG を求め，ΔG を温度（T）に対してプロットすれば，ΔH と ΔS を決定できる（ファント・ホッフ解析（2.6.2 項））．ただし，疎水効果がはたらく場合など，ΔH と ΔS が一定ではない場合は，このようにして求めた ΔH と ΔS の信頼性は低い．そこで正確に熱力学的パラメーターを求めるためには，4.4.9 項で述べる等温滴定カロリメトリーを用いるのが良い．次に H·G や H, G など，系中に存在する各成分を定量するための代表的な方法を紹介する．

4.4.4 測定の時間スケール

ホストとゲストの間の相互作用は可逆であるため，測定時間の間に H·G 複合体の解離が起こるかで，得られる結果は異なる．ここで H·G 複合体の形成における反応速度定数を以下のように定義しよう．

$$\mathrm{H} + \mathrm{G} \underset{k_\mathrm{off}}{\overset{k_\mathrm{on}}{\rightleftarrows}} \mathrm{H\cdot G} \tag{4.77}$$

k_on, k_off と結合定数（K_a）（もしくは解離定数（K_d））の間に以下の関係がある．

$$K_a = \frac{k_\mathrm{on}}{k_\mathrm{off}}, \quad K_d = \frac{k_\mathrm{off}}{k_\mathrm{on}} \tag{4.78}$$

多くの場合，G は小分子なので，k_on は分子の拡散速度定数（k_d）に近い．小分子の k_d は $10^9\,\mathrm{M}^{-1}\mathrm{s}^{-1}$ 程度である．$k_\mathrm{on} = 10^9\,\mathrm{s}^{-1}$ の場合，比較的強い H·G

複合体を形成するとき，例えば $K_a = 10^{12}\,\mathrm{M}^{-1}$ とすると，$k_{\mathrm{off}} = 10^{-3}\,\mathrm{s}^{-1}$ となり，測定の時間スケールがミリ秒付近を境に結果が変化する．測定の時間スケールが k_{off} より速ければ，H·G と H（もしくは G）を区別して観測できるが，k_{off} よりも遅いと，両者を見分けられず，両者の平均化された信号が得られる．

分光測定では，基底状態に外部からエネルギー（光）を加え，異なる状態（励起状態）へ変化させる．これに必要なエネルギーを測定することで分子の性質を調べる．ハイゼンベルクの不確定性原理によると，二状態間のエネルギー差（ΔE）と測定の時間スケール（Δt）の間に以下の関係がある．

$$\Delta E \cdot \Delta t \approx \pi\sqrt{2} \tag{4.79}$$

4.4.5項で述べる紫外可視吸収スペクトルは，比較的高いエネルギーをもつ紫外光もしくは可視光を使って電子の遷移を起こすため，ΔE は大きい．したがって，Δt が小さく，時間スケールが短い測定で，例えばゲスト分子の信号を使って測定した場合，G と H·G を区別して観測できる．紫外可視吸収測定の時間スケールは，ピコ秒（ps）かそれより速く，ほとんど全ての種を区別して観測できる（ただし，各種の吸収波長が重なり，必ずしも区別できるわけではない）．

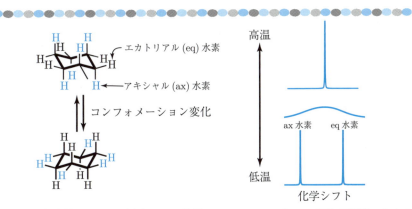

図 4.12 水素核の NMR 測定による分子のコンフォメーション変化の観測．シクロヘキサン（$\mathbf{C_6H_{12}}$）はイス型のコンフォメーションが安定で，二種類の水素（アキシャル（**ax**）とエカトリアル（**eq**））が存在する．溶液中ではコンフォメーションの変化により，二種類の水素は常に交換している．室温で NMR 測定を行うと，二種類の水素は一種類の信号として観測されるが，低温では，コンフォメーション変化が NMR の測定の時間スケールよりも遅くなり，二種類の信号が観測される．

一方，4.4.8 項で述べる**核磁気共鳴分光**（Nuclear Magnetic Resonance：NMR）測定では，波長の長い（弱いエネルギーの）ラジオ波を使うため，ΔE は小さく，観測する時間スケール（Δt）が長くなる．NMR の時間スケールはミリ秒（ms）程度で，分子のコンフォメーション変化と同じくらいなので，NMR 測定で H·G 複合体の解析を行うと，G と H·G のシグナルの平均が観測されることもある．ここで，化学平衡にある A と B の状態を考えよう（式 (4.80)）．

$$A \rightleftarrows B \tag{4.80}$$

A と B の交換（化学交換）が NMR の時間スケールよりも十分遅いと，それぞれ信号は別々に観測される．測定温度を上げると，ある温度で交換速度と NMR の時間スケールが同じになり，このとき A と B のシグナルは融合する．この状態を**コアレッセンス**（coalescence）という．さらに，温度を上げると，融合した信号の線幅が狭くなり，先鋭化した一本のシグナルに変化する．シクロヘキサンのコンフォメーション変化を NMR で観測した場合を**図 4.12** に示す．

4.4.5　紫外可視吸収スペクトル

物質が光を吸収すると，基底状態のある空の軌道へ遷移し，励起状態へ変化する．吸収する光のエネルギーは遷移に必要なエネルギーに等しい．光のエネルギー（E）は式 (4.81) で表される．

$$E = h\nu \tag{4.81}$$

ここで，h はプランク定数，ν は光の振動数である．光の波長 λ は振動数と逆数の関係にあるので（$\nu = \frac{c}{\lambda}$），波長が短い光ほどエネルギーが大きい．また，光のエネルギーと波長の間には式 (4.82) の関係がある．

$$E\,[\text{kcal mol}^{-1}] = \frac{2.86 \times 10^4}{\lambda} \tag{4.82}$$

紫外可視光のエネルギーは 40 から 140 kcal mol^{-1} で，化学結合の解離エネルギーに相当する．そのため，物質が紫外可視光を吸収した後に，化学反応が起こる場合があり，これを**光化学過程**（photochemical processes）と呼ぶ．一方，原子の位置の変化はなく，電子のみの動きに伴う過程を**光物理過程**（photophysical processes）と呼ぶ．例えば光の吸収は 10^{-16} から 10^{-14} s スケールで起こり，とても速い．一方，核は電子よりずっと重いので，核の動きに伴う反応は 10^{-13} から 10^{-12} s のスケールで起こる．したがって，電子遷移は原子の位置

に変化は起こらず，電子のみが上の軌道へ移動する光物理過程の一つである．

実験では，溶媒のみを入れた参照セルと物質の溶液を入れたサンプルセルに紫外可視光を照射し，透過した光を観測することで，光がどれだけ物質に吸収されたかを調べる（図 4.13(a)）．I_0, I をそれぞれ参照セルとサンプルセルを透過した光の強度とすると，両者の比の対数が**吸光度**（absorbance：A）である．

$$\log \frac{I_0}{I} = A \tag{4.83}$$

また，吸光度（A）は以下の**ベールの法則**（Beer's law）で表される．

$$A = \varepsilon b c \tag{4.84}$$

ここで，b は透過する光の行路長（cm），c はサンプルセル中の物質の濃度（$\mathrm{mol\,L^{-1}}$）で，ε はモル吸光係数（$\mathrm{L\,mol^{-1}\,cm^{-1}}$）といわれるパラメーターで，物質が光を吸収する効率に相当する．このように吸光度は物質の濃度と比例関係にあり，ある波長に着目し，その吸光度を調べると，物質の濃度を決定できる．$A = 1$ のとき，式 (4.84) から 90% の光が物質に吸収され，$A = 2$ では 99% の光が吸収され，わずか 1% だけが透過する．したがって，サンプルの濃度が高く吸光度が高い状態では，濃度変化に対する吸光度の変化が小さ過ぎて正確な測定ができない．$A > 2$ ではベールの法則が成り立たないので，より低濃度で測定する必要がある．

紫外可視吸収測定により物質の濃度を調べられるので，H, G, H·G が紫外可視領域の吸収をもてば，それぞれの濃度を決定できる．また，紫外可視吸収は時間スケールが速い測定なので，各成分が平均化することはないが，H, G, H·G の吸収が重なることが多いので定量において工夫が必要な場合もある．

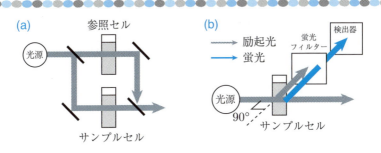

図 4.13 **(a)** 紫外可視吸収スペクトル測定の模式図．**(b)** 蛍光測定の模式図．

4.4.6 蛍光スペクトル

　光を吸収し励起状態にある分子は，やがてエネルギーを放出し基底状態へ戻る．このとき，光を放出する**放射失活**（radiative transition）と，熱を発生する**無放射失活**（radiationless transition）の二通りがある．**蛍光**（fluorescence）は放射失活の一つで，励起状態から基底状態への過程で電子スピンの反転を伴わない．一方，電子スピンの反転を伴う放射失活を**りん光**（phosphorescence）と呼ぶ．このような電子スピンの反転を伴う遷移は禁制だが，さまざまな要因により実際には観測されることがある．

　蛍光測定では，サンプルに紫外可視光を照射し，そこから発する光を入射光に対して 90°に置かれた検出器で観測する（図 **4.13(b)**）．物質濃度が低いとき，**発光強度**（I_e）は以下の式で表される．

$$I_e = 2.3 I_0 \varepsilon \Phi_f bc \tag{4.85}$$

ε は物質のモル吸光係数，b は行路長，c は物質の濃度，I_0 は励起光の強度，Φ_f は量子収率で，観測する発光波長域における発光効率に相当する．この式はベールの法則の式 (4.84) と本質的に同じで，物質の濃度を決定できる．

4.4.7 ベネシ–ヒルデブランドプロット

　ある条件下では，結合等温線の解析をせずに結合定数を求めることができる場合がある．ここで，ホスト分子は紫外可視吸収領域に吸収がない場合を考えよう．そのため G の吸収を使って G と H·G を観測できる．ベールの法則を用いると（式 (4.84)），サンプルの**吸光度**（A）は式 (4.86) で表される．

$$A = \varepsilon_{H \cdot G} b[H \cdot G] + \varepsilon_G b[G] \tag{4.86}$$

ここで，$\varepsilon_{HG}, \varepsilon_G$ はそれぞれ H·G と G のモル吸光係数である．また，G の初期濃度（$[G]_0$）は一定で，H の濃度を変えて滴定する．H を加える前の吸光度を A_0 とすると，

$$A_0 = \varepsilon_G b [G]_0 \tag{4.87}$$

である．H を加えることによる吸光度の変化（$\Delta A = A - A_0$）は

$$\begin{aligned}\Delta A &= \varepsilon_{H \cdot G} b[H \cdot G] + \varepsilon_G b[G] - \varepsilon_G b[G]_0 \\ &= \varepsilon_{H \cdot G} b[H \cdot G] + \varepsilon_G b([G] - [G]_0)\end{aligned} \tag{4.88}$$

4.4 分子認識に関するパラメーターの決定

である．$[G] = [G]_0 - [H·G]$ の関係を使って，書き直すと，

$$\Delta A = \varepsilon_{H·G} b [H·G] - \varepsilon_G b [H·G]$$
$$= (\varepsilon_{H·G} - \varepsilon_G) b [H·G] = \Delta \varepsilon b [H·G] \tag{4.89}$$

ここで，$\Delta \varepsilon$ は H·G と G のモル吸光係数の差（$\Delta \varepsilon = \varepsilon_{H·G} - \varepsilon_G$）である．結合等温線の式 (4.72) の [H·G] を式 (4.89) へ代入すると，式 (4.90) が得られる．

$$\frac{\Delta A}{b \Delta \varepsilon} = \frac{[G]_0 K_a [H]}{(1 + K_a [H])} \tag{4.90}$$

$[G]_0 \ll [H]_0$ の条件では，$[H] = [H]_0$ が成り立ち，式 (4.91) になる．

$$\Delta A = \frac{[G]_0 K_a [H]_0 b \Delta \varepsilon}{(1 + K_a [H]_0)} \tag{4.91}$$

この式を変形すると，式 (4.92) となり，

$$\frac{1}{\Delta A} = \frac{1}{\Delta \varepsilon [G]_0 K_a} \frac{1}{[H]_0} + \frac{1}{b \Delta \varepsilon [G]_0} \tag{4.92}$$

$\frac{1}{\Delta A}$ を $\frac{1}{[H]_0}$ でプロットし，得られる直線の傾きから K_a が求められる．これをベネシ–ヒルデブランドプロット（Benesi-Hildebrand plot）と呼ぶ．

4.4.8 核磁気共鳴分光法

　核磁気共鳴分光（Nuclear Magnetic Resonance：NMR）は核スピンの遷移による分光測定である．磁場のない環境で，核スピンは自由にいろいろな方向を取り，いずれもエネルギー的に同じだが，磁場中では，いくつかの決められた方向に制限される．これを**ゼーマン効果**（Zeeman effect）といい，それぞれの状態間のエネルギー差は磁場の大きさに比例する．磁場中における取り得る状態の数は核スピン量子数（n）によって決まり，$2n+1$ である．例えば，^{1}H 核は $n = \frac{1}{2}$ でスピンの配向は磁場に対して平行方向と反平行方向の二通りで，磁場に平行な核スピンの方が安定である．ただし，ゼーマン効果はとても小さいので，平行スピンも反平行スピンも存在し（熱分布している），平行スピンの方がわずかに多い．このエネルギー差に相当するエネルギーはラジオ波程度の波長の長い（とてもエネルギーの小さな）光で，これにより核スピンを遷移できる．NMR 現象は核スピン量子数がゼロでない原子であれば起こり，さまざまな元素が NMR 測定の対象となる．中でも有機化合物には多くの水素があり，また水素核の測定感度が高いので最も良く利用されている．同じ元素でも，化合物中の環境が異なると，遷移に必要なエネルギーが変わり，それぞれの核

を区別できる．これが**化学シフト**（chemical shift）として表される．

本章で対象としている H·G 複合体の形成においても，例えば，ホスト分子（H）のシグナルに着目すると，ゲスト分子（G）に結合していない H と複合体中（H·G）中の H の化学シフトは異なる．NMR 測定により，H と H·G のシグナルをそれぞれ観測できれば，これらの存在量は両シグナルの面積から求められる．したがって，一回の NMR 測定により [H] および [H·G] を決定でき，$\frac{[G]_0}{[H]_0}$ を変化させて NMR 測定を行うことで，結合等温線が得られる．しかし，実際には NMR の時間スケールは長いので（4.4.4 項），H と H·G のシグナルの平均が観測されることもある．このような場合，以下のように解析を行う．

遊離の H と H·G 中の H の**化学シフト値**をそれぞれ δ_H, $\delta_{H·G}$ とする．実際には，両者を平均した化学シフト値が観測され，これを δ_{obs} とする．δ_{obs} は H と H·G の存在率に依存する．H と H·G の存在率（$X_H, X_{H·G}$）はそれぞれ式 (4.93) で表される．

$$X_H = \frac{[H]}{[H]_0}, \quad X_{HG} = \frac{[H·G]}{[H]_0} \quad (4.93)$$

$[H]_0 = [H] + [H·G]$ のため，$X_H + X_{H·G} = 1$ である．観測される化学シフト（δ_{obs}）と δ_H, δ_{HG} との間には以下の関係が成り立つ．

$$\delta_{obs} = \delta_H X_H + \delta_{H·G} X_{H·G} \quad (4.94)$$

$X_H = 1 - X_{H·G}$ を代入すると，

$$\delta_{obs} - \delta_H = X_{H·G}(\delta_{H·G} - \delta_H) \quad (4.95)$$

ここで，$\Delta\delta = \delta_{obs} - \delta_H$, $\Delta\delta_{tot} = \delta_{H·G} - \delta_H$（= 定数）とすると，

$$\Delta\delta = X_{H·G}\Delta\delta_{tot} \quad (4.96)$$

となる．また，式 (4.72) の両辺を $[H]_0$ で割り，式 (4.93) を使うと，

$$X_{H·G} = \frac{K_a[G]}{1 + K_a[G]} \quad (4.97)$$

で，これを式 (4.96) に代入すると，

$$\Delta\delta = \frac{\Delta\delta_{tot} K_a[G]}{1 + K_a[G]} \quad (4.98)$$

となる．$\Delta\delta_{tot}$ を求めるために，$\delta_{H·G}$ が必要になるが，これは H に対して過剰の G を加えて H を G で十分に飽和させ，このとき観測された化学シフト値を $\delta_{H·G}$ とすれば良い．

4.4.9 等温滴定カロリメトリー法

分光測定では，H と G を混合し，化学平衡における H·G の存在量（濃度）を調べ，結合等温線から結合定数を求めた．一方，**等温滴定カロリメトリー**(Isothermal Titration Calorimetry：ITC) では，H と G を混合し，H·G の形成に伴う熱量を直接測定し，熱力学的パラメーターを求める．この手法の利点は，一回の測定で結合定数，自由エネルギー変化（ΔG），エンタルピー変化（ΔH），エントロピー変化（ΔS）を決定できることである．また，この測定で求められる ΔH, ΔS はファント・ホッフプロットにより求めるわけではない．そのため，温度変化によって ΔH, ΔS が変化する場合にも信頼性の高いデータが得られ，ΔH の温度変化から定圧熱容量変化（ΔC_p）も決定できる．

測定方法はとても単純で，H（もしくは G）を溶かした溶液をサンプルセルへ加え，ここへ G（もしくは H）を滴下していく．H·G 複合体の形成により，発熱もしくは吸熱が起こり，溶液の温度が変化するため，これを参照セルとの温度差として測定する．そして，参照セルと同じ温度になるように，サンプルセルの温度をコントロールし，必要な電気エネルギーから反応に伴う熱量を見積もる（図 **4.14**(b)）．

サンプルセルに H を入れ，G を滴下する場合を考えよう．G を加えると H·G を生成し（H, G の量は減る），系は平衡状態へ変化する．この変化で溶液の自由エネルギーは小さくなるが，エンタルピーはこの反応が発熱か吸熱かによっ

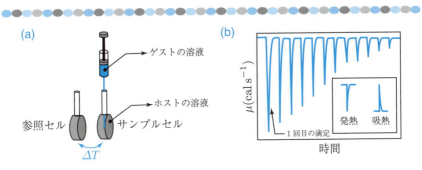

図 **4.14** **(a)** ITC 測定の原理の模式図．**(b)** 典型的な ITC 測定の結果．

て,増加もしくは減少する.ここで,溶液のエンタルピー(H)は溶液の内部エネルギー(U)と溶液の圧力(P)と体積(V)を用いて式(4.99)で表される.

$$H = U + PV \tag{4.99}$$

また,内部エネルギーの変化(dU)は系の熱量の変化(dq)と仕事の変化(dw)によるので,

$$dU = dq + dw \tag{4.100}$$

となる.この系の変化によって,圧力がP_iからP_fへ,溶液の体積がV_iからV_fへ変化した場合,系のエンタルピー変化(dH)は,式(4.101)で表される.

$$dH = dq + dw + (P_f V_f - P_i V_i) \tag{4.101}$$

系が何の仕事もせず,圧力も体積も変化しない場合,式(4.101)は簡単に,

$$dH = dq \tag{4.102}$$

となる.我々が知りたいのはモルエンタルピー変化(ΔH)だが,dHはモル量ではないので,熱量変化(dq)をΔHと関係づけよう.dqは式(4.103)で表される.

$$dq = \Delta H°(V \Delta [\text{H·G}]) \tag{4.103}$$

左辺をqについて,右辺を[H·G]について積分すると,

$$Q = \Delta H° V [\text{H·G}] \tag{4.104}$$

となる.Qは一回のGの添加による全熱量である.式(4.72)と式(4.104)から

$$Q = \frac{V \Delta H° K_a [\text{H}]_0 [\text{G}]}{1 + K_a [\text{G}]} \tag{4.105}$$

となり,各滴定における熱量(Q)を求めることで,K_aと$\Delta H°$が求められる.また,K_aからΔGが求まり,ΔSも求められる.

4.5 ホスト・ゲスト複合体の形成例

ここでは，水中における分子認識に絞って，いくつかの例をもとに分子認識を考える．特に水中における分子認識では，溶質（ホストおよびゲスト分子）の溶媒和の寄与が重要である．

4.5.1 水中における静電相互作用に基づく分子認識

3.2 節で見たように，分子間相互作用はその安定化のエネルギーと相互作用する分子間の距離（r）との関係で分類できた．その中で，静電相互作用は r^{-1} に比例し，遠距離までその相互作用が及ぶ特徴がある．したがって，イオン間にはたらく静電相互作用は分子間相互作用の中でも強いが，水中ではイオンが水和されるため，それぞれのイオンは解離している．そのため水中でイオンに対して強力に結合するホストをつくるには，工夫が必要である．

1967 年にデュポン（Du Pont）社のペダーセン（C. Pedersen）は図 **4.15**(a) に示す**クラウンエーテル**（crown ether）と呼ばれる環状オリゴエーテル（18-クラウン-6）が水中で K^+ イオンと強く結合することを見出した．すでにイオンに対する水和構造を見たように，陽イオンについては，水分子の酸素原子の非共有

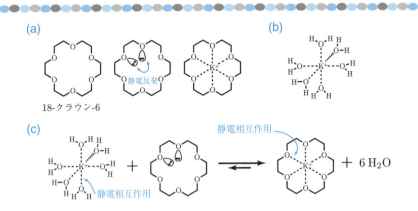

図 **4.15** **(a)** 18-クラウン-6 の構造式と K^+ イオンとの複合体．**(b)** K^+ イオンの水和構造の模式図．**(c)** 18-クラウン-6 と K^+ イオンの複合体形成の化学平衡．

電子対が陽イオンの方を向けて水和（配位）している（3.1.2項）．例えば，K^+イオンの場合では，六つの水分子がK^+イオンに配位している（図 4.15(b)）．気相中における一つの水分子とK^+イオンとの結合を調べると，$H_2O \cdot K^+$複合体の形成はエンタルピー的に有利で$\Delta H°$が約$-18\,\mathrm{kcal\,mol^{-1}}$である．だが，エントロピー変化（$\Delta S°$）は約$-22\,\mathrm{cal\,mol^{-1}\,K^{-1}}$と不利で，298 Kにおける自由エネルギー変化（$\Delta G°$）は$-11.5\,\mathrm{kcal\,mol^{-1}}$である．これに対して，二つ目の水分子を結合させる場合を考える（$H_2O \cdot K^+ + H_2O \rightarrow (H_2O)_2 \cdot K^+$）．$K^+$にはすでに水分子が結合しており，一つ目ほど大きなエンタルピーの利得はない．一方，エントロピー変化については，結合に伴って水分子の自由度が失われるため，同じ程度の損失がある．このため六つの水分子が結合した状態の安定性は期待するほど高いとはいえない．しかし，水溶液中では，大過剰の水分子が存在するため，K^+イオンは常に水分子で水和されている．次に，18-クラウン-6とK^+との相互作用を考えよう．エンタルピーの観点から考えると，水分子とK^+イオンとの間の静電相互作用と18-クラウン-6とK^+イオンとの静電相互作用にそれほど大きな差はないので，複合体形成に伴う$\Delta H°$は小さい．実際には，18-クラウン-6の酸素原子の非共有電子対が内部に向いているために，これらの間の静電反発により不安定化しており，酸素原子がK^+と結合すると，エンタルピー的に有利になる．一方，エントロピー変化に関しては，水和しているK^+イオンが18-クラウン-6と結合すると，六つの水分子をバルクへ放出するため，これらの水分子が自由度を獲得することから，大きなエントロピーの利得が得られる．これは18-クラウン-6において，すでに六つの酸素原子がエーテル結合を介して，環状に並べられているため，エントロピーの損失が少ないのである．このような戦略は**事前組織化**（preorganization）と呼ばれ，分子認識における重要な要素の一つである．18-クラウン-6とK^+との結合におけるエントロピーの利得分は18-クラウン-6の合成段階で事前に払われているといえる．18-クラウン-6は鎖状のオリゴエーテルから環化反応を経て合成される．オリゴエーテルはさまざまなコンフォメーションを取れるため，各酸素原子の位置は自由である．一方，環状構造になると，酸素原子の位置はかなり固定され，この環状構造の形成において，エントロピーの損失が起こるのである．実際には，K^+と結合していない状態の18-クラウン-6は，つぶれた構造をしており，18-クラウン-6における事前組織化は完璧ではない．

4.5 ホスト・ゲスト複合体の形成例

大きな環状構造を形成する場合（図 4.16(a)），鎖状オリゴエーテルの両端の反応部位の衝突の確率は低く，分子間における鎖状オリゴエーテルとの反応が競合し，環状構造の形成効率は低い．そこで分子間反応を抑制するために，鎖状オリゴエーテルの濃度を下げて環化反応を行うことが多い．大環状分子の環化反応における低い効率を克服するために，**テンプレート効果**（template effect）を使う方法もある．例えば，18-クラウン-6 は K^+ イオンと強く結合するため，K^+ を共存させて鎖状オリゴエーテルの環化反応を行うと A のような複合体を形成し，二つの反応点が近づき，反応効率が上がる（図 4.16(b)）．

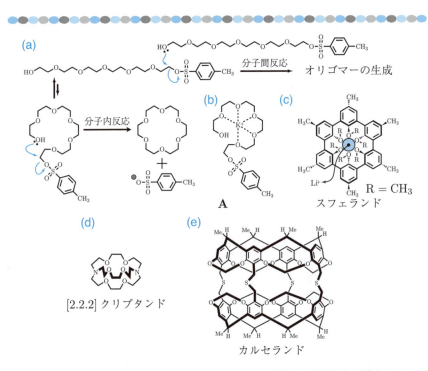

図 4.16 **(a)** 鎖状分子から 18-クラウン-6 を合成する際，分子間反応が競合するために，効率的に環化反応が進行しない．青の矢印は電子の動きを示している．**(b)** 鎖状分子と K^+ との複合体を形成することで，分子内反応の効率が上がる．**(c)** スフェランドの構造式．**(d)** [2.2.2] クリプタンドの構造式，**(e)** カルセランドの構造式．

18-クラウン-6を使うことで，イオン対を引き剥がし，反応性や溶解性を変化させることもできる．シアン化カリウム（KCN）はCN^-が求核剤としてはたらくが，有機溶媒中などでは，K^+とCN^-イオンの静電相互作用により，CN^-の求核能が低下してしまう．これを克服するために，反応系に18-クラウン-6を共存させると，18-クラウン-6がK^+イオンと強く結合し，CN^-イオンとの結合が弱まり，反応性が上がる．また，$KMnO_4$は濃い紫色をした遷移金属錯体で，強い酸化力をもつが，有機溶媒に対する溶解性がとても低く，有機溶媒中で使うことは難しい．しかし，ベンゼン溶媒中に$KMnO_4$と18-クラウン-6を加えると，18-クラウン-6がK^+イオンと結合し，MnO_4^-イオンが遊離しベンゼンに溶解する．このような条件では$KMnO_4$は特異な酸化力を示す．

　18-クラウン-6よりも小さなクラウンエーテルもあり，同様に陽イオンに対するホストとしてはたらく．一般的に，環が小さいほど，イオン半径の小さな陽イオンに対して強く結合する．先に，クラウンエーテルにおける事前組織化が完璧ではないことを述べたが，これを克服するために，より剛直な構造をもつ環状オリゴエーテルとして**スフェランド**（spherand）という分子が開発されている（図 4.16(c)）．スフェランドの結晶構造を見ると，陽イオンの結合前と結合後の構造に大きな変化はない．一方，結合部位が同程度の大きさの12-クラウン-4と比較すると，スフェランドの方が$16\,\text{kcal}\,\text{mol}^{-1}$程度有利で，結合定数に換算すると，12乗もの違いがあり，事前組織化の効果が大きいことがわかる．事前組織化の重要性は，タンパク質の安定性にも寄与している．イオン性の残基間（リジンとグルタミン酸など）の静電相互作用は**塩橋**（salt bridge）と呼ばれる．水中では，これらのイオン性の残基は水によって良く溶媒和されるため，残基間の静電相互作用はタンパク質の安定性に必ずしも大きく寄与するとは限らない．しかしながら，これらの残基が事前組織化されていると，塩橋による安定化の寄与が大きくなることがある．

　クラウンエーテルのように人工的に合成された分子が，選択的にイオンを認識することが明らかになった．その後レーン（J. M. Lehn）はクラウンエーテルを三次元状にすることで，より結合力の高い**クリプタンド**を開発し（図 4.16(d)），クラム（D. J. Cram）は**カルセランド**と呼ばれる三次元状のカプセル型の分子を合成し，分子を取り込むことに成功した（図 4.16(e)）．ペダーセン，レーン，クラムは1987年に「高選択的に構造特異的な相互作用をする分子の開発」の

業績によりノーベル化学賞を受賞した．

　最後に，水中における塩橋形成におけるエネルギー的な寄与について考えよう．すでに議論したように，水中においては，イオンに対する水和が強く，イオン対間の相互作用と競合するため，イオン対の形成はエンタルピー的にそれほど有利ではない．したがって，水中における塩橋形成ではエントロピーの寄与が重要になることが多い．二つのグアニジニウムをもつホスト分子（**28**）は硫酸イオン（SO_4^{2-}）と結合する（図 4.17）．グアニジニウムの正電荷は非局在化しており，窒素原子上の水素原子を介して，陰イオンと塩橋を形成する．メタノール中において，両者の結合を等温滴定カロリメトリー（4.4.9 項）により調べた．すると，エンタルピー変化もエントロピー変化も正で，結合がエントロピー支配であることがわかった．これは SO_4^{2-} もホスト分子のグアニジニウムもメタノールによって強く溶媒和されているため，結合によるエンタルピーの利得が無かったことを示している．一方，正のエントロピー変化は，複合体の形成により，それぞれを溶媒していたメタノールがバルクへ解放され，自由度を獲得したためである．自然界にも SO_4^{2-} イオンを認識するタンパク質が存在するが，結晶構造解析から七つの水素結合を介して，SO_4^{2-} と結合している．

　複数の正電荷と負電荷をもつ剛直なモデル分子を使って水中における塩橋形成の安定化エネルギーが調べられている．これによると，電荷の数が増えるにつれて，相互作用のエネルギーがおおむね直線的に上昇する傾向があり，一つの塩橋形成につき $1.2 \pm 0.2\,\mathrm{kcal\,mol^{-1}}$ の安定化が得られると言われている．

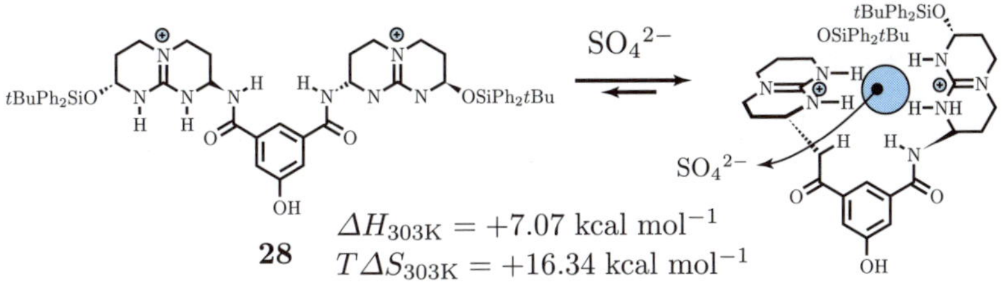

$\Delta H_{303K} = +7.07\ \mathrm{kcal\,mol^{-1}}$
$T\Delta S_{303K} = +16.34\ \mathrm{kcal\,mol^{-1}}$

図 4.17　塩橋形成による SO_4^{2-} イオンのレセプター．

4.5.2　水中における水素結合に基づく分子認識

　水分子は水素結合のドナーとしてもアクセプターとしてもはたらくため，水中における水素結合は水分子との水素結合（水和）と競合し不安定である．しかし，DNA二重らせんの塩基対形成に見られるように水中でも安定に水素結合が形成される場合がある．これはらせん構造の内部で塩基対が形成され，水分子の影響を受けないためである．

　DNA二重らせんには大きな溝（**メジャーグルーブ**）と小さな溝（**マイナーグルーブ**）があり（図**4.18**(a)），ともに塩基対の形成のために使われなかった水素結合のドナーとアクセプターが並んでいる．**ジスタマイシンA**（distamycin A）（図**4.18**(b)）という天然物は三日月状の形をしている．これは，N-メチルピロール部位（Py）がマイナーグルーブのA–T塩基対を認識し，水素結合を介してDNAに結合する．この場合も，ジスタマイシンAがマイナーグルーブにおさまると，水素結合部位が内部に隠れるため，水分子との競合に打ち勝ち，複合体の形成が可能となる（図**4.18**(c)）．マイナーグルーブにある水素結合のドナー，アクセプターの配列は，塩基対によって異なる（図**4.19**(a)）．このため，これらの環境の違いを認識できる分子をデザインすれば，高い配列認識能をもつ分子をつくることができる．ダーバン（Dervan）は，ジスタマイシンAの構造をもとに，**ピロールイミダゾールポリアミド**（PIP）と呼ばれるオリゴアミドを開発し，DNA二重らせんの配列を認識できることを示した．一般的なPIPの構造は，八つの五員環のヘテロ芳香環がアミド結合を介して連結している（図**4.19**(b)）．また，ヘアピン構造を形成し，二つのヘテロ芳香環で一つの塩基対を認識できるように，中央のヘテロ環はγ-アミノブチル酸により連結されている．このため，PIPは4塩基対を認識し，この配列の前後の一つずつの塩基対とも水素結合し，1 : 1複合体を形成する．複合体の形成における解離定数（K_d）は1 nM以下と極めて低く，DNAに対する結合がとても強い．ヘテロ芳香環はN-メチルピロール（Py）に加え，N-メチルイミダゾール（Im）とN-メチル-3-ヒドロキシピロール（Hp）の三種類で，Im/PyでG–C対を，Py/HpでA–T対を認識する．PIPは塩基配列に対する高い認識能力をもつため，遺伝子治療への応用が進められている．

4.5 ホスト・ゲスト複合体の形成例

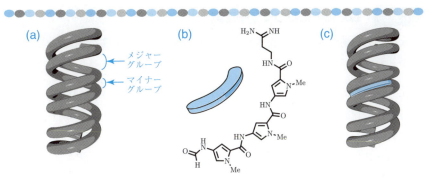

図 4.18 **(a)** DNA 二重らせんのメジャーグルーブとマイナーグルーブの模式図. **(b)** ジスタマイシン A の構造式. **(c)** DNA のマイナーグルーブにジスタマイシン A が結合した複合体の模式図.

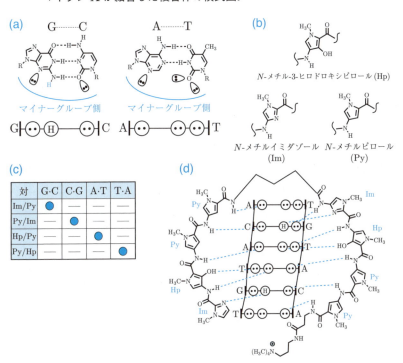

図 4.19 **(a)** マイナーグルーブの水素結合部位. **(b)** マイナーグルーブの認識に使われるピロールやイミダゾール誘導体. **(c)** マイナーグルーブの認識選択性. **(d)** マイナーグルーブ認識の例.

4.5.3 疎水効果に基づく分子認識

水中における分子認識で大きな寄与を及ぼすのは疎水効果である．疎水効果により分子認識を行う系の代表例を取り上げよう．

■**シクロデキストリン**　アミロースはグルコースの1位と4位がグリコシド結合を介して連結した高分子である．これを酵素で分解すると，グルコースが環状に繋がった分子が得られ，**シクロデキストリン**（Cyclodextrin：CD）という（図 4.20(a)）．構成するグルコースの数が 6, 7, 8 のシクロデキストリンはそれぞれ α-, β-, γ-シクロデキストリンと呼ばれる．シクロデキストリンの外側は親水的で，内部が疎水的なため，疎水分子を加えると内部空間に包接される．α-, β-, γ-シクロデキストリンは，それぞれ大きさの異なる内部空間をもち，適切な大きさのゲスト分子に対して高い親和性を示す（表 4.2）．また，複合体の形成におけるエンタルピー変化は小さく，エントロピー変化が正である．

■**シクロファン**　芳香環を環状もしくはかご状に配列し，親水部を外側に導入することで疎水性の内部空間をもつ水溶性のホスト分子を人工的につくることができ，これらは**シクロファン**（cyclophane）と呼ばれている．例えば，図 4.21(a) に示すシクロファン（**34**）の分子認識について，ファント・ホッププロットを行うと，直線に乗らない．これは ΔH, ΔS が温度の関数で，ΔC_p がゼロでないためである．事実，ΔH, ΔS の温度変化を調べると（図 4.21(b)），室温付近では ΔH は正で不利だが，高温では負になって有利である．一方，$T\Delta S$ は逆

表 4.2　シクロデキストリン（**CD**）とゲスト分子の 1：1 複合体の結合定数（$\log K_a$）（溶媒：水，温度：298 K）．

ゲスト	α-CD	β-CD	γ-CD
アントラセン（**29**）	1.87	3.31	2.35
安息香酸（**30**）	2.96	2.57	2.10
シクロヘキサノール（**31**）	1.81	2.70	——
1-ヘキサノール（**32**）	2.95	2.34	——
ピレン（**33**）	2.17	2.69	3.05

4.5 ホスト・ゲスト複合体の形成例

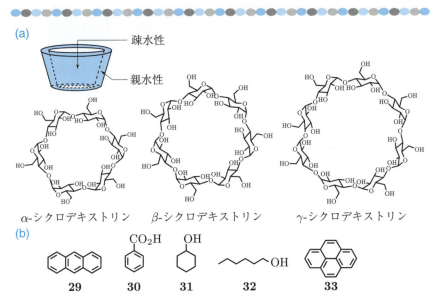

図 4.20 **(a)** シクロデキストリン．**(b)** シクロデキストリンに包接されるゲスト分子（表 4.2 参照）

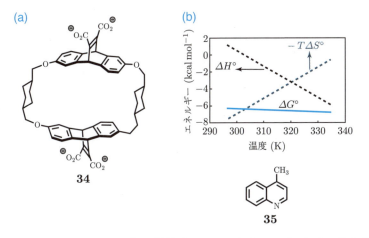

図 4.21 **(a)** シクロファン（**34**）の構造式．**(b)** **34** とゲスト（**35**）との複合体形成における熱力学的パラメーターの温度変化．

の傾向を示す．ΔG は広い温度領域で大きな変化が無く，これはエンタルピー–エントロピーの補償である．このような傾向は疎水効果がはたらく環境では良く観測される結果である．また，3.5.4(6) 項で見たように，シクロファンでは，疎水性分子の認識がエンタルピー駆動である場合もあり，これは**非古典的疎水効果**（nonclassical hydrophobic effect）と呼ばれている．

シクロファン（**36**）とピレン（**33**）との複合体形成における ΔG と溶媒の極性（E_T(30)（2.4.4 項））の関係を調べると（図 **4.22**），良い直線関係があり，高極性の溶媒ほど，複合体が安定する．この結果は，溶媒の極性と疎溶媒効果の間の相関を示しているが，実際には単純ではない．例えば，水と同じくらいの極性をもつホルムアミドを溶媒としても，両親媒性分子が会合しミセルなどの集合体を形成することはない．したがって，溶媒の極性と疎溶媒効果の間にある程度の相関があるが，疎溶媒効果の発現は極性だけで決まるものではなく，3.5 節で考えたように溶媒–溶媒，溶媒–溶質間の相互作用の違いが本質である．

■**ククルビツリル**　グリコウリル（glycouril）とホルムアルデヒドを縮合すると，グリコウリル部位が連結して環状になった分子が得られ，**ククルビツリル**（cucurbituril）と呼ばれる．n 個のグリコウリルからなるものをククルビト[n]ウリル（**37**）と示す（図 **4.23**(a)）．この分子の内部空間も疎水性のため，疎水性の小分子を内部に取り込むことができるが，ククルビツリルの上下にはカルボニル酸素が環状に配置されているため，アンモニウムなどのカチオンとこれらの間に静電相互作用がはたらく．そのため，ククルビツリルについては静電相互作用も分子認識に関わる．ククルビト[7]ウリル（CB7）とフェロセンの誘導体（**38**）の結合定数は $K_a = 3 \times 10^{15}\,\mathrm{M^{-1}}$ ととても高く，生命系で最も強い分子間相互作用の一つである**アビジン–ビオチン**の結合に匹敵する．アビジンは四つの結合部位があり，それぞれにビオチンが結合するが，各結合部位間に協同性は無く，各部位が独立にビオチンと結合する（図 **4.23**(b)）．結合部位はトリプトファンやフェニルアラニンなど芳香環をもつアミノ酸が集まって疎水空間を提供する．また，セリン，トレオニン，チロシン，アスパラギン酸など極性の残基をもつアミノ酸も存在し，これらとビオチンとの間の水素結合も関与する．アビジン–ビオチンの相互作用はエンタルピー駆動で，これは主にアビジン–ビオチン間にはたらく水素結合と vdW 力に由来する．一方，エントロ

ピー変化は小さく，これは複合体を形成することで失う自由度に由来するエントロピーの不利分が複合体を形成する際にアビジンとビオチンを水和していた水分子を脱水和することによって獲得する自由度の寄与と相殺したためである．

ククルビト [7] ウリル（CB7）と **38** との結合における ΔH は $-90\,\mathrm{kJ\,mol^{-1}}$，$\Delta S$ はほぼゼロで，複合体の形成はエンタルピー駆動で，アビジン–ビオチンと良く似ている．また，ΔC_p は $-110\,\mathrm{J\,mol^{-1}\,K^{-1}}$ で，疎水効果がはたらいてい

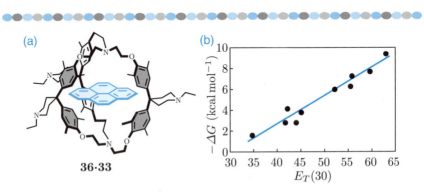

図 4.22 **(a)** シクロファン（**36**）とピレン（**33**）のホスト・ゲスト複合体．**(b) 36·33** 複合体形成の自由エネルギー変化と溶媒の極性（$E_T(30)$）との関係．

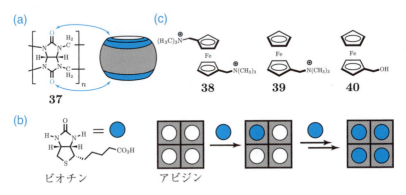

図 4.23 **(a)** ククルビト [n] ウリルの構造式と模式図．**(b)** ビオチンの構造式とアビジン–ビオチンの複合体形成の模式図．アビジンには四つの結合部位があるがこれらは独立にはたらく．

ると考えられる．この ΔC_p はタンパク質に見られる値に比べ小さく，これは複合体の形成により脱水和する水分子の数，すなわちホストとゲスト分子間の接触面積がタンパク質に比べて小さいためである．大きな負の ΔH は CB7 の内部空間に **38** がフィットしているためで，その結果大きな vdW 力がはたらいている．CB7 のカルボニルと **38** のアンモニウムの間に静電相互作用がはたらくが，この寄与は小さい．これは複合体を形成する前にカルボニルもアンモニウムも水で強く溶媒和されており，これがカルボニルとアンモニウムの相互作用に置き換えられるので，両者におけるエンタルピーの寄与が相殺するためである．一方，カルボニルとアンモニウムを水和している水分子は強く構造化されているため自由度が低い．これらの水分子は複合体の形成によりバルクへ放出され自由度を獲得し，エントロピー的に有利になる．また，CB7 と **38** の自由度に着目すると，複合体を形成することで自由度が低下するため，エントロピーの損失が起こる．したがって，これら両者が相殺するため，複合体の形成における ΔS はゼロに近い．**38** のアンモニウム部を一つずつ取り除くと（図 **4.23**(c)），複合体の形成における ΔH に大きな変化は見られないが，ΔS が負になり，**38** > **39** > **40** の順に結合力が低下する．したがって，CB7 と **38** の強い結合は，CB7 の疎水空間とフェロセン部が良くフィットすることによるエンタルピーの寄与（疎水効果と vdW 力）と，CB7 と **38** の極性の高い部位を水和していた構造化された水がバルクへ放出されることによるエントロピーの寄与の組合せに由来している．

演習問題

4.1 ヘモグロビンと酸素の結合について，各分圧（$p(O_2)$）と飽和率（Y）の実験値を以下の表に示す．これを使ってヒル係数を求めよ．

$p(O_2)$ [Torr]	10	20	30	40	50	60	70	80	90	100
Y [%]	13.5	35.0	57.0	75.0	83.5	89.0	92.7	94.5	96.5	97.4

第5章

自己集合

　本章では，複数の分子が自発的に集まり，秩序だった構造を形成する自己集合という現象を考える．第4章では，ホストとゲストという二分子間の相互作用（分子認識）を見たが，自己集合では，二分子以上が関わることが多い（一方，たんぱく質の折りたたみのように，一分子の中で起こる現象も広義の自己集合として捉えられている）．しかし，構成要素間にはたらく相互作用はホスト・ゲスト間に見られたものとほとんど同じで，第3章で扱った分子間相互作用である．ただし，中には配位結合のように，より強い可逆な化学結合が利用されることもある．

5.1 自己集合の分類

リンゼイ（Lindsey）により自己集合は以下の七種類に分類されている（図 5.1）．

■**クラス1：厳密な自己集合**（strict self-assembly）

厳密な自己集合とは，構成要素のみを混合し，溶媒，温度，pH などが適切な条件で自己集合を行うと，自己集合体が自発的かつ可逆に生成する場合である．すなわち，一度形成した自己集合体をある条件で崩壊させ，個々の構成要素にばらばらにしても，条件を戻せば再び自己集合体が得られる．したがって，最終的に得られる自己集合体は熱力学的に最も安定である．多くのタンパク質は熱や pH の変化で変性を起こし，これらは厳密な自己集合の分類に入らない．

厳密な自己集合として，**デオキシリボ核酸**（Deoxyribonucleic Acid：DNA）の二重らせんや**タバコモザイクウイルス**（Tobacco Mosaic Virus：TMV）がある．

DNA は四種類の塩基（アデニン（Adenine: A），チミン（Thymine: T），グアニン（Guanine: G），シトシン（Cytosine: C））が結合したデオキシリボース（五炭糖）がホスホジエステル結合を介して繋がった鎖状分子である．A–T, G–C 間で安定な水素結合を形成するため，相補的な二本の DNA 鎖から二重らせんが生成する．温度を上げると水素結合が開裂し，DNA 二重鎖は一本鎖にほどけるが，温度を下げると再び二重鎖へ戻すことができる．

タバコモザイクウイルス（TMV）は植物に感染し，タバコモザイク病を引き起こすウイルスである．TMV は 1 本の RNA 鎖と約 2130 個のタンパク質からなり，タンパク質が RNA 鎖の周りを覆い，$300\,\text{nm} \times 18\,\text{nm}$ の棒状の構造を形成する．TMV を各構成要素にばらばらにした後，生理条件に戻すと完全な再構成が可能である．TMV の自己集合については 5.4.2 項で扱う．

5.1 自己集合の分類

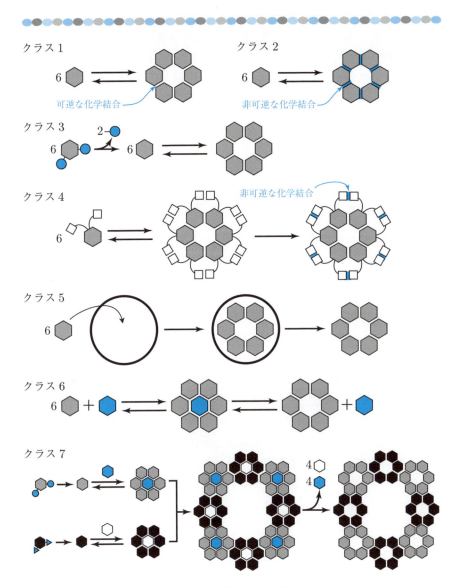

図 5.1　自己集合の分類.

■**クラス 2：非可逆な自己集合**（irreversible self-assembly）

　非可逆な自己集合では，構成要素間の相互作用が非可逆で，すなわち，一度，構成要素間が繋がれると，自己集合の条件でその相互作用を切断することができない．クラス 1 の厳密な自己集合で用いられる分子間相互作用や化学結合の特徴は結合の可逆性である．自己集合体は複数の構成要素が多点で繋がっており，その繋ぎ方が一箇所でも間違うと，その繋ぎ目を修復しない限り最終的な自己集合体に至れない．結合が可逆である場合，このような修復が可能だが，非可逆な結合では，それが不可能である．多くの構成要素が集まる自己集合では，一つひとつの構成要素が繋がるたびに，ある確率でこのようなミスが発生すると，最終的に自己集合体はほとんど得られない．例えば，炭素の同素体の一つであるフラーレンやカーボンナノチューブはグラファイトを炭素源としてアーク放電により合成することができるが，炭素–炭素結合が非可逆な共有結合で結ばれているため，生成過程でさまざまな混合物を生じ，単一物質を得ることはできない．

■**クラス 3：前駆体の修飾により引き起こされる自己集合**（precursor modification followed by self-assembly）

　この自己集合では，はじめ，自己集合の真の構成要素の前駆体が存在し，これ自身には自己集合化する能力は無く，ある条件で前駆体に化学的な修飾が施され，真の構成要素へ変化し，自己集合が始まる．コラーゲンは皮膚や骨の重要な要素で，ポリペプチド鎖が三重らせんを形成した線維状物質である．コラーゲンの構成要素のプロコラーゲンには自己集合を妨げるペプチドであるプロペプチドが結合しており，細胞内でコラーゲンが生成しないように調節されている．プロコラーゲンが細胞外へ放出され，加水分解酵素によりプロペプチドが切断されると，真の構成要素が生成し自己集合が始まる．

■**クラス 4：事後修飾を伴う自己集合**（self-assembly with postmodification）

　厳密な自己集合では，自己集合体は化学平衡において熱力学的に最も安定な種である．したがって，条件を変化させれば，自己集合体から各構成要素へ平衡を動かすことも可能である．このように自己集合体が平衡に左右されるのは，構成要素間の相互作用が可逆なためである．ここで，自己集合体が生成した後に，非可逆な化学結合で近接する構成要素間を連結すると，系が平衡状態から

変化しても，自己集合体が分解することはない．はじめから非可逆な化学結合で構成要素を連結しようとすると，クラス2の非可逆な自己集合で見たように，自己集合体の収率はとても低くなってしまう．一方，はじめに自己集合を行うと，各構成要素が近接するため，これらを共有結合で連結する効率が上がる．生体系では**インスリン**の合成がこれに相当する．インスリンは二本のポリペプチド鎖 A, B がジスルフィド（S–S）結合で繋がった分子である（図 **5.2**）．その合成は，はじめ A, B 鎖を含む一本のポリペプチド（プレプロインスリン）がつくられ，このポリペプチドは分子内水素結合を介して折りたたまれる（フォールディングと呼ぶ）．つづいて，プレプロインスリンの中で二箇所のジスルフィド結合が形成され，プロインスリンになる．最後に，二箇所の余計なペプチド鎖が切断され，インスリンへ変換される．ジスルフィド結合は還元条件で切断でき，インスリンの二箇所のジスルフィド結合を切断し，A, B 鎖を切り離すことができる．しかし，A, B 鎖を混合し，酸化条件でジスルフィド結合を形成させてもインスリンへ自己集合しない．人工系では，ロタキサンやカテナンと呼ばれる特異な幾何構造をもつ分子の合成で，事後修飾を伴う自己集合の戦略が良く利用されている．これらについては5.3.4項で紹介する．

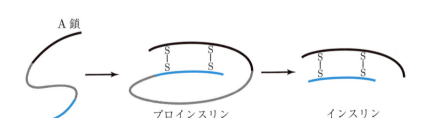

図 **5.2** インスリンの生成．

■**クラス5：補助により起こる自己集合**（assisted self-assembly）

　補助された自己集合では，構成要素に含まれない物質が自己集合過程に介在し，自己集合体の形成を促進する．自己集合が終わると，その物質は自己集合体から離れるため，自己集合に対して触媒的にはたらいている．構成要素以外の分子が介在し自己集合が起こる場合としてクラス6で示す「指向された自己集合」があるが，両者の違いは，補助により起こる自己集合では，構成要素の中に自己集合体を形成する情報がプログラムされており，介在する分子はこれには関与しない．一方，指向された自己集合では構成要素外の介在分子にも情報が組み込まれている．補助により起こる自己集合の例として，**分子シャペロン**がある．分子シャペロンはタンパク質の正常な折りたたみ（フォールディング）を促進する場を提供するタンパク質で，その他，タンパク質の凝集の抑制や変性タンパク質の再生（リフォールディング）も担っている．

■**クラス6：指向された自己集合**（directed self-assembly）

　ある構成要素からさまざまな自己集合体を生成する場合がある．このとき，ある鋳型分子（テンプレート）が共存すると，構成要素が一種類の構造体へ自己集合することがあり，これが指向された自己集合である．そのためテンプレートを変えることで，同じ構成要素から別の自己集合体へ導くこともできる．

　すなわち，厳密な自己集合（クラス1）では構造体を形成するための全ての情報が各構成要素にプログラムされていて，他の分子を必要としないが，指向された自己集合では，構造体へ導く情報はテンプレートにも組み込まれており，この情報にしたがって構成要素が集まる．指向された自己集合の例として，両親媒性分子をテンプレートとしたシリカやアルミナの合成がある．

■**クラス7：断続的な加工を伴う自己集合**（self-assembly with intermittent processing）

　この自己集合では，これまで見てきたクラス1から6の自己集合の一部もしくは全てが自己集合過程の中に段階的に組み込まれ，最終的な自己集合体を生成するという複雑な系である．生命系ではこのような自己集合が実際に存在する．

　このように自己集合は七種類に分類できるが，以降では主にクラス1と3の自己集合を取り扱う．

5.2 生命系に見られる自己集合

自己集合の例として，特に生命系で見られるものについては，これまでの章で主な例を紹介した．DNAの二重らせんは，相補的な塩基対をもつ二本の一本鎖DNAの塩基同士が水素結合を形成している（図 3.23）．通常，水中における水素結合の形成は水分子と競合し安定ではないが，DNAのように，疎水空間内で塩基対を形成すれば，水中でも水素結合を安定に維持できる．このように，DNA二重らせんの形成では，疎水効果が大きな役割を果たしている．

タンパク質の中には，複数のサブユニットからなるものがあり，これらは各サブユニットを構成要素とする自己集合体で，4.3.2(1)項で見たヘモグロビンはその一例である．多くのタンパク質は，熱をかけると変性し，冷やしても元に戻すことができず，非可逆である．ウイルスの内部にはDNAもしくはRNAがあり，宿主に感染するとこれらを細胞へ送り込み，自分自身を複製させ増殖を繰り返す．ウイルスの外壁の構造（**カプシド**（capsid））はたくさんのタンパク質から構成され，これも自己集合の一例である．

細胞膜は脂質が自己集合した構造体である．脂質は親水部と疎水部をもつ両親媒性分子で，疎水効果により二重膜へ自己集合する（図 3.50）．このように生命系に見られるほとんどの自己集合は疎水効果を駆動力として利用し，精密な構造形成のために，方向性をもつ分子間相互作用が関わっている．

5.3　人工系における自己集合

ここでは，人工的に形成される自己集合について，水素結合やイオン相互作用，配位結合によって溶液中で形成される自己集合体の中から例を絞って紹介する．

5.3.1　水素結合を利用した自己集合

3.4節で見たように，水中で水素結合を駆動力として自己集合体を形成することは難しい．そのため水素結合が強くはたらくクロロホルムなどの非プロトン性の低極性溶媒が用いられる．

メラミン（melamine）とシアヌル酸（cyanuric acid）の間には相補的な水素結合が形成され，六角形状の平面構造ができる．これを利用し，六つのメラミンを導入した分子（**41**）にシアヌル酸（**42**）を加えると，自己集合体 **41**・**42**$_6$ が一義的に生成する（図 5.3(a)）．

二つのグリコルリル（glycoluril）をもつ分子（**43**）は水素結合を介してカプセル状の二量体（**43**$_2$）を形成し，内部に小分子を包接する（図 5.3(b)）．またグリコルリル間を広げた **44** から，一回り大きなカプセル **44**$_2$ を合成することもできる．

レゾルシナレン（resorcinarene）を水で飽和したクロロホルムに溶かすと，八つの水分子を介して，レゾルシナレン同士が水素結合を形成し，カプセル状の六量体を形成する（図 5.3(c)）．この分子カプセルの内部の体積は 1375 Å^3 と広く，内部にアンモニウムイオンとその対アニオンを共に包接し，さらに残った空間に中性の有機分子を取り込むこともできる．

5.3.2 イオン相互作用を利用した自己集合

イオン間の静電相互作用は分子間相互作用の中でも強いが，水中ではイオンが強く水和されるため，有効な相互作用になるとは限らない．しかし，水中においてイオン相互作用（塩橋）を利用した自己集合体の形成が知られている．アミジンはカルボン酸イオンとの間で比較的強いイオン相互作用をする（図 5.4(a)）．カリックスアレーン（calixarene）（**45**）は王冠のような形をした環状分子で超分子化学で良く用いられる構造の一つである（図 5.4(b)）．カリックス[4]アレーンに四つのカルボン酸を導入した分子（**46**）と四つのアミジンを導入した分子（**47**）を塩基性条件下で混合すると，二量体のカプセル（**46·47**）を形成する（図 5.4(c)）．ITC 測定により，水中における熱力学パラメータを求めると，298 K における生成定数（$K_a = [\mathbf{46 \cdot 47}]/[\mathbf{46}][\mathbf{47}]$）は 10^5 程度で，$\Delta H° = -8.9\,\mathrm{kJ\,mol^{-1}}$, $\Delta S° = 69\,\mathrm{J\,mol^{-1}\,K^{-1}}$ である．$-298 \times \Delta S° = -20.6\,\mathrm{kJ\,mol^{-1}}$ であるので，この自己集合体の形成はエントロピーの寄与が大きい．これは水中におけるイオン相互作用では，相互作用前の各イオンに対する水和がイオン間の相互作用に置き換えられるため，それほど大きなエンタルピー変化が無い．一方，イオン相互作用により，イオンを水和していた水分子がバルクへ解放されるため，エントロピー的に有利で，この効果が大きい（図 5.4(d)）．すなわち，二量体を形成すると構成要素の自由度が束縛され，この点においてエントロピー的に不利だが，これを上回る利得がイオンの脱水和で得られる．事実，水とメタノールの混合溶媒中で **46·47** の形成を行うと，$\Delta H° = -49.7\,\mathrm{kJ\,mol^{-1}}$, $\Delta S° = -66\,\mathrm{J\,mol^{-1}\,K^{-1}}$ となり，エンタルピーの寄与の方が大きくなる．

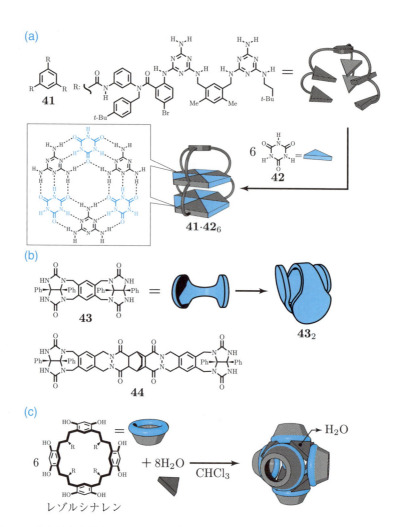

図 5.3 水素結合を利用した人工系の自己集合の形成例. **(a)** メラミンとシアヌル酸を利用した自己集合, **(b)** グリコルリルを利用したカプセル形成, **(c)** レゾルシナレンを利用したカプセル形成.

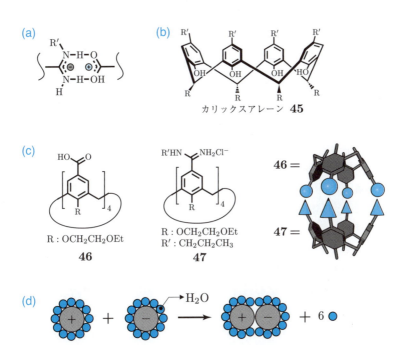

図 5.4 イオン相互作用を利用した自己集合の例. **(a)** アミジンとカルボン酸イオンの相互作用. **(b)** カリックスアレーン. **(c)** 塩橋形成によるカプセル形成. **(d)** 水中におけるイオン相互作用の模式図.

5.3.3 配位結合を利用した自己集合

配位結合は金属イオン（M^{n+}）と配位子（L）の間に形成される化学結合（M–L）である．配位結合の強さは M と L に依存するが，中には M–L 結合の形成と解離が可逆なものがある．このような配位結合を利用すると，熱力学的に安定な自己集合体を形成する．また，金属イオンの種類や酸化数に応じて取り得る配位構造は直線，三角形，平面四角形，四面体，三方両錐，四角錐，八面体と多様であり，この特性を利用していろいろな構造体を構築できる．

(1) Pd(II) イオンを利用した自己集合体の開発

さまざまな M と L の組合せから自己集合体が報告されているが，中でも最も利用されているものが Pd^{2+} イオンと窒素原子間の配位結合である．Pd^{2+} イオンは八つの d 電子をもち（d^8），平面四角形型の構造を形成する．有機化合物の骨格形成に利用される炭素を見ると，sp^3 炭素は四面体，sp^2 炭素は三角形を形成し，平面四角形の構造を取ることができない．このため遷移金属錯体の平面四角形構造を利用すると，炭素ではつくることのできない構造を形成できる．さて，なぜ d^8 錯体は平面四角形型の構造を形成するのだろうか．これは分子軌道から理解できる．4.3.2 項で正八面体型錯体（ML_6）の分子軌道を考えた．この結果を使って ML_4 錯体の分子軌道を作成しよう（図 5.5）．ML_6 錯体の z 軸にある二つの配位子を取り除くと ML_4 錯体になる．ML_6 錯体の分子軌道の中で d 軌道の寄与が大きいものは e_g^* 軌道と t_{2g} 軌道の五つである．このうち，z 軸上の配位子に軌道の係数があるものは d_{z^2} 軌道由来の反結合性軌道である．そのため，z 軸上の二つの配位子を取り除くと，d_{z^2} 軌道由来の分子軌道の反結合性が弱まり安定化する．また，配位子を取り除いたことで，金属イオンの $(n+1)s$ 軌道との相互作用が起こる．これは d_{z^2} 軌道由来の分子軌道の配位子からなるグループ軌道との相互作用を考えると理解できる（図 5.5(b)）．z 軸上に二つの配位子があるときには，$(n+1)s$ 軌道と配位子のグループ軌道との重なり積分はゼロだが，z 軸上の二つの配位子が無くなると，重なり積分はゼロではなくなり，このグループ軌道は $(n+1)s$ 軌道とも相互作用する．すなわち，グループ軌道（G），d_{z^2} 軌道，$(n+1)s$ 軌道の三つの軌道の相互作用により新しい分子軌道が生成する．我々の興味は d_{z^2} 軌道由来の分子軌道である．三つの軌道の相対的なエネルギー準位は図 5.5(c) に示すようになり，d_{z^2} 軌道と

5.3 人工系における自己集合

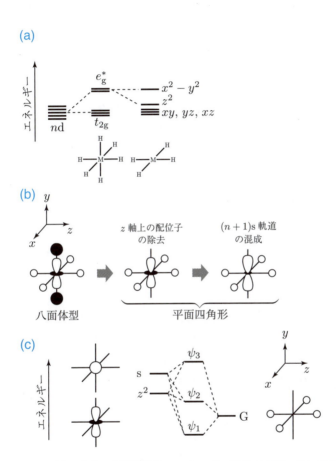

図 5.5 **(a)** 八面体型と平面四角形型錯体のエネルギー準位の相関. **(b)** 八面体型から平面四角形型錯体への変換. **(c)**. 平面四角形型錯体の d_{z^2} 軌道由来の軌道.

最もエネルギーの近い真ん中の分子軌道（ψ_2）がこれに相当する．したがって，平面四角形型錯体のd_{z^2}軌道由来の分子軌道は，G–d_{z^2} + $(n+1)$s という相互作用からつくられ，$(n+1)$s 軌道がグループ軌道と結合的に相互作用し，d_{z^2}軌道由来の分子軌道はさらに安定化する．このため，この軌道は非結合性軌道とみなせるほど安定である．つまり，平面四角形型錯体のd軌道由来の分子軌道は $d_{x^2-y^2}$ 由来の軌道だけが反結合性で，残りの四つは非結合性である（図 5.5(a)）．非結合性軌道を電子で充填した状態は閉殻となって安定なので，平面四角形型錯体では，八つの電子が四つの非結合性軌道へ充填したとき，すなわち Pd^{2+} などの d^8 錯体が安定である．この錯体の全電子数は 16 電子で，一般的に言われる **18 電子則**を満たしていない．このような例外は多くの錯体で見られるので，どのような電子配置が安定かは非結合性軌道への電子の充填という観点から判断した方が良い．

Pd^{2+} イオンは平面方向に四つの手をもち，そのうち隣り合う二箇所（シス位）を二座のキレート配位子で塞ぐと残りの二つが，自己集合体の形成に使える（図 5.6(a)）．一つのエチレンジアミン（en）が Pd^{2+} イオンにキレートした錯体と 4,4′-ビピリジンを水中で混合すると，四角形型の錯体を生成する．また，三つのピリジンをもつ配位子（**48**）を用いると，水中で Pd_6L_4 の組成をもつカゴ型錯体へ自己集合する．これらの自己集合体の内部には疎水空間があり，疎水分子を取り込み，特異な化学反応を行うことができる．

また，Pd^{2+} イオンと二つのピリジンを導入した配位子（L）から Pd_nL_{2n} （$n = 6, 12, 24, 30$）型の多面体が自己集合する（図 5.6(b)）．どの構造体を形成するかは，L に導入する窒素原子の配位方向のなす角度に依存し，適切に配位子をデザインすると，構造体をつくり分けることができる．多くの構成要素からなる自己集合体の生成はエントロピー的に不利なため，小さい構造が生成しやすい．よって，多くの構成要素から自己集合体を形成するためには，その構造体に合った剛直性の高い配位子を正確にデザインする必要がある．

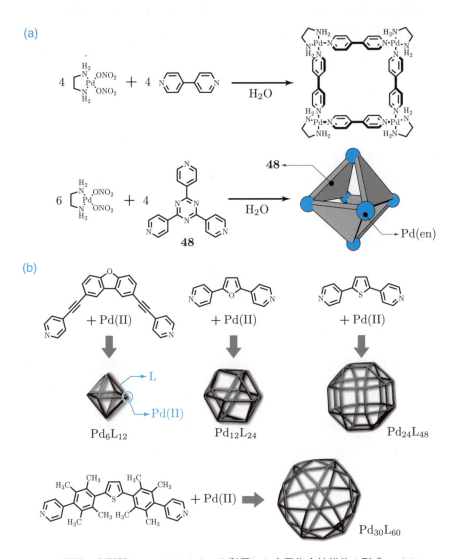

図 5.6 平面四角形型の Pd(II) イオンを利用した自己集合性錯体の形成．(*Chem. 1*, **1**, 91–100（2016）より引用)

(2) カテコラト配位子を利用したカプセル錯体の開発

八面体型の配位構造は最も一般的で，これを利用した自己集合体も開発されている．Ti^{4+}，Gd^{3+} などの前周期の金属イオンは酸素原子などの硬い原子と配位結合を形成する．これらの金属イオンとカテコールの脱プロトン化体（カテコラト）から八面体型錯体が得られるので，複数のカテコールを導入した配位子を用いると，自己集合体を形成する．二つのカテコールを導入した配位子を用いると，四面体の頂点に金属イオンが位置する M_4L_6 型の錯体が得られる（図 5.7(a)）．これらの錯体はアニオン性で，内部の疎水空間に中性やカチオン性の分子を包接できる．中でもカチオン性分子に対する包接力が強い．ゲスト分子の包接についてはすでに紹介したので（3.3.5 項），ここではカプセル錯体を利用した触媒反応を紹介する．

二つのカテコラトを導入した配位子（**49**）と Gd(III) イオンからなるカプセル錯体（$Gd_4\mathbf{49}_6$）に有機カチオン（**50**）を包接すると，内部空間の中でアザコープ転位が進行する（図 5.7(b)）．アザコープ転位は [3,3] シグマトロピー転位の一種で，六員環椅子型の遷移状態を経て進行する．自由度の高い鎖状の原系から自由度の低い環状の遷移状態を形成するため，反応の活性化エントロピー（$\Delta S^{\ddagger}$）は負である．一方，カプセル錯体を使うと，基質を取り込んだ状態で，遷移状態に近いコンフォメーションを取り，反応の $\Delta S^{\ddagger}$ が正になる．また，生成するイミニウムカチオンは容易に加水分解を受けて最終生成物へ変換する．この生成物は中性分子であり，カプセル錯体への取り込み能力が原料（**50**）よりも低いため，時折触媒反応で見られる，生成物が触媒と結合することで反応を不活性化する生成物阻害が起こらず，効率的に触媒反応が進行する．

また，四面体型カプセル錯体の Gd(III) 中心はキラルで，四つの Gd(III) のキラリティーは全て等しく，四面体型カプセル錯体は二種類のエナンチオマーとして存在する．両者の変換速度がとても遅いので光学分割が可能で，片方の光学活性体のみを用いると，内部に存在するキラル空間を利用した不斉合成が可能である．光学活性な四面体型カプセル錯体内で同様のアザコープ転位反応を行うと，最大で 78%ee（エナンチオマー過剰率）の生成物が得られる．

また，$Gd_4\mathbf{49}_6$ カプセル錯体がアニオン性のため，内部にカチオン性のゲストをよく包接する性質を利用し，中性もしくはアルカリ性条件下でオルトエス

5.3 人工系における自己集合

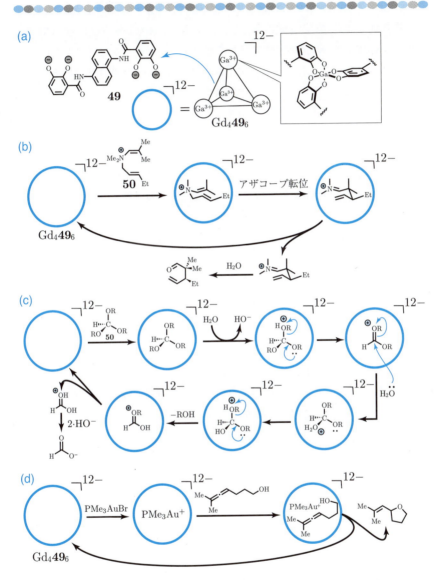

図 5.7 自己集合性カプセル錯体を利用した触媒反応. **(a)** Ga_4L_6 錯体の構造. **(b)** アザコープ転位. **(c)** 塩基性条件におけるオルトエステルの加水分解. **(d)** $Au(I)$ 錯体を利用したアレン誘導体の環化反応.

テル (**50**) を加水分解することができる (図 **5.7(c)**). オルトエステルは, 中性, 塩基性では安定だが, 酸性条件下ではすばやく加水分解を受ける. $Gd_4 49_6$ カプセル錯体に中性のオルトエステルを取り込むと, 速やかにプロトン化され, つづく加水分解が進行し, プロトン化されたエステルを生成する (図 **5.7(c)**). 包接されているエステルはカプセル内外で平衡があるため, エステルがカプセル外に出ると, 外部のアルカリ性条件で加水分解を受ける. このようにして生成した空のカプセル錯体に再びオルトエステルが包接され, 触媒的に反応が進行する.

カチオン性の錯体をカプセル錯体に取り込んで反応を促進することもできる (図 **5.7(d)**). Me_3PAuX 錯体はアレンの環化反応の触媒として知られているが, X が Br の場合, Au–Br 結合の強い共有結合性のために反応が遅い. 一方, Me_3PAuBr 錯体を $Gd_4 49_6$ カプセル錯体へ加えると, Au–Br 結合が解裂し, カプセル内部に Me_3PAu^+ イオンとして取り込むことができる. このように調製した錯体を用いると, Me_3PAuBr 錯体を用いた場合よりもアレンの環化反応が加速される. どの場合も, $Gd_4 49_6$ 錯体のもつ特殊な静電空間が触媒能に重要で, 酵素でも似た機能があり, このカプセルは生体機能の一部を模倣した系である.

(3) イミン結合を利用した自己集合体の開発

M–N 結合をもつ八面体型構造から自己集合性錯体の開発も行われている. Fe^{2+} イオンの存在下, **51** と **52** を混合すると, イミンを形成し, 八面体型の Fe(II) 中心をもつ四面体型自己集合体 (**53**) が得られる (図 **5.8**). アルデヒドから生成するイミンは水の存在下ではすぐに加水分解を受けるが, 金属イオンと配位結合を形成することで安定化される. この錯体 (**53**) には 12 個のスルホ基があり水溶性で, 内部に疎水空間をもつため疎水分子を包接する. 白リン (P_4) は四面体型をした化合物で発火点が約 60°C で自然発火する. また, 空気中の酸素でも酸化され青い光を発する. そのため白リンは水中で保存される. 白リンは脂溶性なので, **53** の水溶液に白リンを加えると, 内部空間に一分子の白リンを取り込むことができる. 興味深いことに, **53** の内部に包接された白リンはとても安定で, 酸素と全く反応しない. これは **53** の内部空間に白リンが押し込められていることが原因であると考えられている. すなわち, 白リンが

酸素と反応すると，部分的に P–O 結合を形成した遷移状態を生成するが，**53** の内部で遷移状態を形成できないことが大きな要因である．通常，ホスト・ゲスト複合体の形成は平衡のため一部のゲスト分子は遊離しているが，この系では白リンが水に溶けないため通常の溶液平衡ではない．また，**53** と白リンのホスト・ゲスト複合体の水溶液にベンゼンを加えると，白リンをベンゼン層へ抽出し，代わりにベンゼンが **53** へ包接される．一方，**53** に包接されない n-ヘプタンを抽出溶媒として使うと，白リンは n-ヘプタン層へ移動しない．したがって，白リンの抽出では，白リンの有機溶媒への溶解性とともに，抽出後に **53** の内部へ疎水分子を包接することも必要である．これは白リンが **53** から外へ移動した後に **53** の疎水空間に水が入ることで系が不安定化することを考えると理解できる．

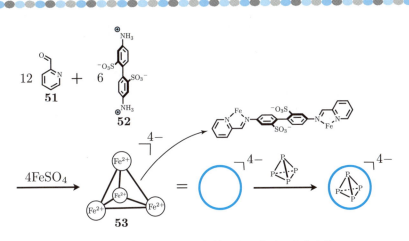

図 5.8 カプセル錯体への包接による白リンの安定化．

5.3.4　ロタキサン・カテナン

　化合物の中には，変わった幾何構造をもつものがある．環状分子の中に棒状の分子が貫入した構造は**ロタキサン**（rotaxane），二つの環状分子が互いに貫入した構造は**カテナン**（catenane）と呼ばれる（図 5.9(a)）．棒に複数の環状分子が貫入したり，複数の環が貫入して連なった構造もそれぞれロタキサン，カテナンで，構成分子の数が n のとき，$[n]$ ロタキサン，$[n]$ カテナンと表記する．これらの構造では，各構成要素は化学結合で結びついているわけではないが，引き離すことができない．このように繋がった構成要素は機械的に結合していると言われることもある．このような構造をもつ分子は自然界にも存在し，DNA ポリメラーゼの中には環状構造のものがあり，DNA の複製時には DNA ポリメラーゼに DNA が貫入しロタキサンを形成する．さて，このような分子を人工的に合成するためには工夫が必要で，ここで分子間相互作用の利用が有効である．例えば，棒状の分子の中央部に環状分子と相互作用する部位を導入し，これら二種類の分子を混ぜ合わせると，環状分子に棒状分子が貫入した構造が自発的に生成する（図 5.9(b)）．このように棒状分子が環状分子を抜け出ることができる状態にある構造を**擬ロタキサン**（pseudorotaxane）という．その後，環状分子が通り抜けられないほど大きな分子を棒状分子の両末端に結合するとロタキサンができる（図 5.9(b)）．カテナンの合成においても同じ戦略が利用でき，擬ロタキサンの両末端を繋ぎ環状分子に変換すれば良い．

　クラウンエーテル状のシクロファン（**54**）は内部にカチオン性の分子を包接でき，例えばメチルビオローゲン（**55**）が包接される（図 5.10(a)）．そこでコの字形をしたジカチオン（**56**）を用いると，擬ロタキサン **54**·**56** が生成し，これにジブロモ体（**57**）を加え，両端を連結すると，カテナン（**58**）が生成する．このように，効率良く擬ロタキサンを形成し，つづいて擬ロタキサン構造を維持できる条件で，次の化学反応（両末端を連結するか嵩高い基の導入）を行うと，カテナンやロタキサンを合成できる．

　58 の合成では静電相互作用を利用したが，他の相互作用も利用できる．5.3.3 項で見たように配位結合には可逆性があり，明確な方向性もあるため，これを利用できる．フェナントレンの両末端に水酸基を導入した分子と Cu(I) イオンを混ぜると，四面体中心の CuL_2 錯体が生成する（図 5.10(c)）．つづいて，二

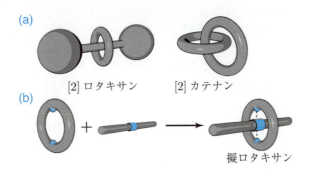

図 5.9 (a) ロタキサンとカテナン．**(b)** 擬ロタキサンの形成

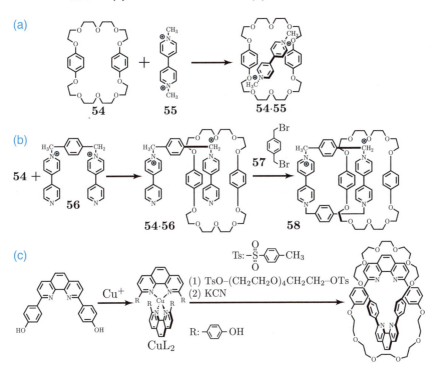

図 5.10 (a) 擬ロタキサンの形成．**(b)** 静電相互作用を利用したカテナンの合成．**(c)** 配位結合を利用したカテナンの合成

つの水酸基をエーテル結合を介して連結すれば，二つのフェナントレン部は機械的に連結され，最後に Cu(I) イオンを除去すればカテナンが生成する．

　ロタキサンやカテナンは幾何学的な美しさや複雑さ以外に，**分子機械**を開発するうえで重要な構造になる．分子機械への応用には，ロタキサンやカテナンの各構成要素に複数の相互作用部位を導入し，複数の状態をつくり，外部エネルギーを使って相互変換できるようにする必要がある．**ソバージュ**（J. P. Sauvage）は，異なる配位部位を導入したカテナンを合成し，それぞれの結合部位に選択的に結合できる金属イオンを加えることで，二つの状態間を相互変換する系を開発した．この相互変換によって，筋肉のように分子が伸縮する運動を実現した（図 5.11(a)）．一方，**ストッダート**（J. F. Stoddart）は酸塩基を外部刺激として利用し，ロタキサン上で環状分子を可逆に移動する系を開発した（図 5.11(b)）．環状分子はカチオンを認識するが，ロタキサンには二級のアンモニウムとビオローゲン部位の二箇所のカチオン部位が導入されている．環状分子はアンモニウムとより強く相互作用し，アンモニウム部に位置する．塩基を加えて脱プロトン化すると中性になり，環がビオローゲン部位へ移動する．これを利用して，エレベーターのように上下する分子をつくった．ここで，二級のアンモニウムから脱プロトン化する反応を考えよう．この二級アンモニウムの脱プロトン化には，強塩基が必要だが，これは環状分子と強く相互作用しているためである．ソバージュ，ストッダート，フェリンガ（B. L. Feringa）は分子機械のデザインと合成の業績が評価され 2016 年にノーベル化学賞を受賞した．

5.3 人工系における自己集合

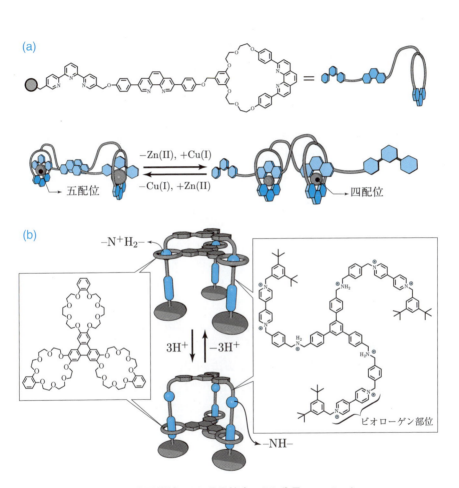

図 5.11 分子機械. (a) 分子筋肉. (b) 分子エレベーター.

5.3.5 複雑な幾何構造をもつ分子と自己集合

前項で紹介したロタキサンやカテナンと同様に，幾何学的に複雑な分子の合成が達成されている．これらの分子の合成では，テンプレート合成という戦略が利用されている．

■**三つ葉結び目** 図 5.12(a) に示す構造を三つ葉結び目（trefoil knot）と呼び，一本の鎖を複雑に結んだものである．この構造は 5.3.4 項で見たカテナン合成を応用して構築できる．[2] カテナンの合成では，一つの金属イオンをテンプレートとして利用し，そこへ二つの鎖を交差させた後に，両端を結んだが（図 5.9)，これに対して，二つの金属イオンと二本の鎖分子から二重らせんをつくり，互いの鎖の端を結ぶと三つ葉結び目ができる（図 5.12(b))．二重らせんの末端を連結するときに，三通りのパターンがあるが（図 5.12(b))，そのうち一つのみから三つ葉結び目が得られたため，目的とする連結を選択的に行えるかが鍵である．テンプレートとして四面体型四配位構造を取る Cu(I) イオンを用い，二つのフェナントレンを連結した鎖状分子と錯体をつくると，二重らせん分子と共に 1 : 1 で錯体形成したループ状の分子も副生する．これらの混合物に対してヘキサエチレングリコール誘導体を用いて，エーテル結合を介して連結反応を行うと，3% と低収率ながら目的とする連結体が得られ，最後に二つの Cu(I) イオンを除去すると三つ葉結び目分子へ導くことができる（図 5.12(c))．

同様に金属イオンをテンプレートして利用した三つ葉結び目分子の合成で，一つの金属イオンを利用した効率的な方法が開発されている（図 5.12(d))．今度は，八面体型六配位構造をもつ Zn(II) イオンを用い，三つの 2,2'-ビピリジンを鎖状に連結した分子と錯体形成すると，三つ葉状に結んだ Zn(II) 錯体が自発的に生成する．その後，鎖分子の両端を連結し，Zn(II) イオンを取り除くと三つ葉結び目分子が得られる．

5.3 人工系における自己集合

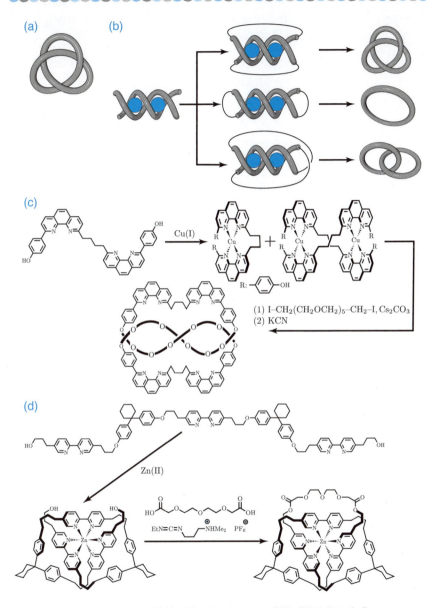

図 5.12　**(a)** 三つ葉結び目．**(b)-(d)** 三つ葉結び目分子の合成．

■ボロメアンリング　ボロメアンリング（Borromean ring）（図5.13(a)）とはイタリア，ルネッサンス時代のボロメオ家の紋章の模様で，三つの輪が互いに貫入しているが，そのうち一つの輪を切ると，残りの二つも分離してしまうという性質があり，ここから三つが互いに必須な存在であることを表す象徴として使われる．ボロメアンリングには六つの接点があり，各接点では二つの輪が接している．この六箇所の接点部分にテンプレートとなる金属イオンを置き，効率的に複雑な分子の合成が達成されている（図5.13(b)）．一つの環状分子は四つの構成要素からイミン結合を介して合成され，三つの輪状分子が金属イオンを介してボロメアンリングになるように配置される．ここで，金属イオンへの配位結合も環状構造の形成に用いられているイミン結合も可逆な化学結合であり，間違って結合しても，これを修正し最終的にボロメアンリングへ収束させることができる．環状分子の構成要素となる二種類の分子（**59, 60**）とZn(II)イオンを混合し，二日間経つと，90%という極めて高い収率でボロメアンリングが生成する（図5.13(c)）．ここで，六つのZn(II)イオンは五つの窒素原子が配位した五配位構造である．

■ソロモンの結び目　ソロモンの結び目（Solomon's knot）とは古代から知られた模様で，二つの輪が四つの接点で接触した構造である（図5.13(d)）．この分子の合成は先ほど紹介したボロメアンリングの環状分子と同じ構成要素を使い，金属イオンを変えるだけで得られることがわかった．先ほどのボロメアンリングの合成ではZn(II)イオンが用いられたが，金属イオンをCu(II)イオンに変えても同様にボロメアンリングが得られる．一方，Zn(II)イオンとCu(II)イオンを1:1で加えて結晶化を行うと，ソロモンの結び目状の分子の結晶が得られた（図5.13(e)）．構造解析の結果，一つのソロモンの結び目状分子には四つの金属イオンが取り込まれ，Zn(II)とCu(II)イオンが二つずつ存在する．また，これらの金属イオンはいずれも八面体型六配位構造で，環状分子から提供される五つの窒素原子に加え，対アニオンである$CF_3CO_2^-$イオンの酸素原子が配位していた．この結晶を溶液に溶かすと，ソロモンの結び目とボロメアンリングが共存することから，溶液中では二種類の構造が平衡にあり，そこからソロモンの結び目が選択的に結晶化したことがわかった．

　これらの複雑な分子の合成に見るように，テンプレート効果の威力は素晴らしく，複雑な幾何構造の分子の合成に欠かせない戦略である．

5.3 人工系における自己集合

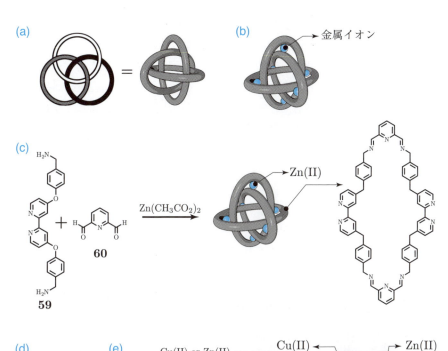

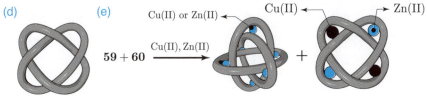

図 5.13 **(a)** ボロメアンリング．**(b)** ボロメアンリングの合成戦略．**(c)** ボロメアンリングの合成．**(d)** ソロモンの結び目．**(e)** ソロモンの結び目の合成．

5.4 自己集合体の形成機構

これまで，生命系と人工系における自己集合を見てきた．いずれの場合も，多くの構成要素が正確に集合化し，一種類の構造体へ導かれていく．前節では，熱力学的な観点から自己集合体の形成を考えたが，ここでは，その生成機構について，すなわち速度論的な観点も含めて議論していこう．

自己集合もいわゆる化学反応の一種で，その反応機構（生成機構）があるはずだが，これを明らかにすることは容易ではない．一つは，自己集合過程がとても多くの段階を経て進行し，一過的に生成する中間体を捉えることが難しいためである．また，自己集合体へ導く経路が複数存在することも多く，一般的な化学反応と同じくらい明瞭に生成機構を明らかにすること自体が不可能な場合もある．

しかしながら，これまでに部分的ではあるが，自己集合過程に関する知見が得られており，今後さらに自己集合という現象に対する理解が深まり，形成機構をコントロールし，これまで得ることができなかった自己集合体をつくり出すことができるようになるかもしれない．

さて，ここでは，自己集合過程に関するいくつかの例を紹介しよう．

5.4.1 タンパク質の折りたたみ

タンパク質の折りたたみは，構成要素が集合するわけではないが，自己集合の一種として捉えられている．普通の化学反応では，基質からある一つの経路を経て生成物へ至る．タンパクの折りたたみ（**フォールディング**（folding））についても，同じように起こっていると考えられていたが（図 **5.14**(a)），現在では，漏斗のような三次元のエネルギー表面をなぞり，いろいろな経路を経て安定な折りたたみ構造へ収束すると考えられている（図 **5.14**(b)）．このようなモデルを**フォールディング漏斗**（folding funnel）と呼ぶ．エネルギーの高い状態では，さまざまな構造が存在し，**配向エントロピー**（configurational entropy）が高いが，フォールディングが進むにつれて，構造が絞り込まれていき，天然のタンパク質へ導かれる．フォールディングの途中で，安定な中間体が生成することがあり，このような中間体から熱力学的に安定な天然状態への変換は遅

く，このような現象を**速度論的トラップ**（kinetic trap）と呼ぶ．ここで，全てのタンパク質が速度論的にトラップされた中間体を経るわけではなく，一部は，トラップを受けずに安定なタンパク質へフォールディングすることができ，これが通常の化学反応と異なるところである．このような経路の複雑性は本質的に自己集合に存在し，これが自己集合過程を解明することの難しさの原因の一つである．

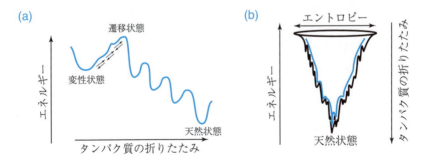

図 5.14　タンパク質のフォールディングのメカニズム．**(a)** 折りたたみ経路が一種類のモデル．**(b)** フォールディング漏斗では，複数の折りたたみ経路が存在する．

5.4.2 ウイルスの自己集合

ウイルスの中で最も古く研究されているものは**タバコモザイクウイルス**である．このウイルスは一本のRNA鎖を約2130個のコートタンパク質がらせん状に覆い，300 nmほどの長さの棒状の構造を形成している（図5.15(a)）．タバコモザイクは構成要素から完全に再構成ができる系で，完全に可逆な自己集合系である．タバコモザイクウイルスの自己集合は二段階で進行する．はじめに，17個のコートタンパク質から形成される円盤状に分子が二量化した集合体を形成する．つづいて，RNA鎖のなかの一部で相補的な塩基対を形成してできるステムヘアピンループといわれる構造が円盤状の集合体の穴を認識して貫入する（図5.15(b)）．ループ構造の貫入が引き金となって，円盤状集合体の構造変化が引き起こされ，ロックワッシャー型のらせん構造に変化する．この後，コートタンパク質がロックワッシャー構造に結合し，らせん構造が伸長され，最終的にタバコモザイクウイルスが完成する．このような複雑な形成機構を取る理由の一つは，タバコモザイクウイルスのRNAに対してのみ選択的に，コートタンパク質をらせん構造へ自己集合させるためだと考えられている．

多くのウイルスはタンパク質が集合してつくる球状の殻構造（**カプシド**（capsid））をもち，その内部にDNAやRNAが収納されている．カプシドの自己集合に関する研究も進められているが，その形成機構はまだはっきりしていない．**B型肝炎ウイルス**（heptatis B virus）は，コアタンパク質がつくる正二十面体型のカプシドの内部に不完全な二本鎖DNAを取り込み，カプシドの外部を脂質二重層のエンベロープが覆った球状の構造で直径は約42 nmである．また，試験管内でコアタンパク質のみからカプシドを形成でき，90個のコアタンパク質からなる直径32 nmの構造（T = 3カプシド）と120個のコアタンパク質からなる直径35 nmの構造（T = 4カプシド）の二種類へ自己集合する（図5.15(c)）．どちらのカプシドもコアタンパクの二量体の自己集合により生成し，T = 3カプシドの方がT = 4カプシドよりも速く形成し，その後一部のT = 3カプシドがT = 4カプシドへ変換する．T = 3カプシドよりもT = 4カプシドの方が多く生成するが，両者の生成率はコアタンパク質の濃度や溶液のイオン強度によって変化する．コアタンパク質の濃度が低い場合や，イオン強度が高い場合に，T = 3カプシドの生成率が上昇する．

5.4 自己集合体の形成機構

T = 3 カプシド および T = 4 カプシド の形成はコアタンパク質の二量体がいくつか集合して形成した核が元となり，十分量の核が形成されると，核にコアタンパク質が結合し，集合体の成長が起こると考えられている（核形成−成長モデル: 5.4.3 項参照）．核となる集合体がどのようなものかはっきりしていないが，特別な条件でコアタンパク質の二量体が三量化した構造の生成が確認されており，このような種がカプシド形成の重要な中間体であると考えられている．また，カプシドの形成機構は複数の経路を経て進行していると考えられ，タンパク質のフォールディング漏斗（folding funnel）と似ている．

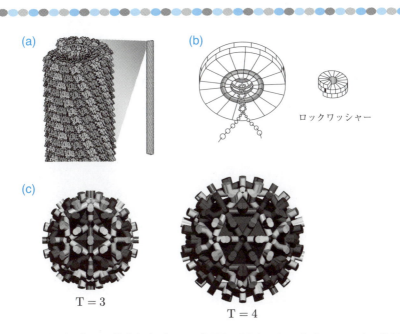

図 5.15 **(a)** タバコモザイクウイルス（PDB, Molecule of the month, DOI: 10.2210/rcsb_pdb/mom_2009_1 より引用）．**(b)** タバコモザイクウイルスの形成機構（*Phil. Trans. R. Soc. Lond. B*, **354**, 531 – 535（1999）より引用）．**(c)** B 型肝炎ウイルスの T = 3 および T = 4 の構造の模式図（*Proc. Natl. Acad. Sci. USA*, **100**, 10884–10889（2003）より引用）．

5.4.3 線維状の自己集合性ポリマー

ある条件下でタンパク質は本来の天然状態から構造変化し，線維状の自己集合体を形成することがあり，このようにして生成した**アミロイド線維**はアルツハイマー症などの病気の原因であると考えられている．このような線維構造の自己集合は**核形成**（nucleation）と**伸長**（elongation）の二段階で進むと考えられているが，その詳細な機構はいまだ明らかになっていない．核形成と伸長は以下のようにモデル化できる．モノマー（A）が一つずつ結合し重合する平衡を考える．二量体形成は式 (5.1) で表される．

$$A + A \underset{b}{\overset{a}{\rightleftarrows}} A_2 \tag{5.1}$$

ここで，A_2 を生成する速度定数を a，解離の速度定数を b とすると，第一段階の平衡定数 K は $K = \frac{a}{b}$ である．また，n 量体（A_n）で核が形成されるとし，核形成までにおける反応では，各速度定数が変化しないと仮定すると，核形成までは各段階の平衡定数も変化しない．そこで，核形成までの段階の平衡定数を $K_n = \frac{a}{b}$ とする．つづいて，伸長段階における正反応および解離反応の速度定数をそれぞれ c, d とすると，伸長段階における平衡定数（K_e）は $\frac{c}{d}$ となる．

$$A_n + A \underset{d}{\overset{c}{\rightleftarrows}} A_{n+1} \tag{5.2}$$

線維形成では，核形成までが遅く，一度核形成が起こると，線維形成が始まるため，$K_e > K_n$ である．

人工系の線維状自己集合体について，形成機構が明らかになりつつある．水素結合部位，キラルな側鎖，長鎖アルキル基を導入した単量体（**61**）を非プロトン性の非極性溶媒に溶かすと，水素結合を介して形成される二量体がスタックし，らせん状の一次元自己集合体を生成する（図 **5.16**）．構成要素にキラルな側鎖が導入されているため，右巻きらせんと左巻きらせんの安定性が異なり，**62** の存在下，自己集合を行うと左巻きの線維が優先して生成する．しかし，自己集合の初期段階では右巻きらせんの集合体も**準安定状態**（metastable state）として一過的に生成する．したがって，この線維状自己集合体の形成では，熱力学的に安定な左巻きらせんを与える正規のルート（**オン経路**（on-pathway））と熱力学的に不安定な右巻きらせんの集合体が生成する経路（**オフ経路**（off-pathway））が存在する．会合数が少ないときには，準安定な右巻きらせんの方が左巻きらせんより安定で，生成速度も速いが，伸長が進むと，左巻きらせんの方が圧倒

的に安定になり，5,6量体で核が形成され，その後伸長段階へ入り線維形成が起こる．集合体のまま，右巻きから左巻きらせんへ反転させるには大きなエネルギーが必要なために不可能で，らせん反転は集合体の単位ユニットである二量体への解離を経て進行する．

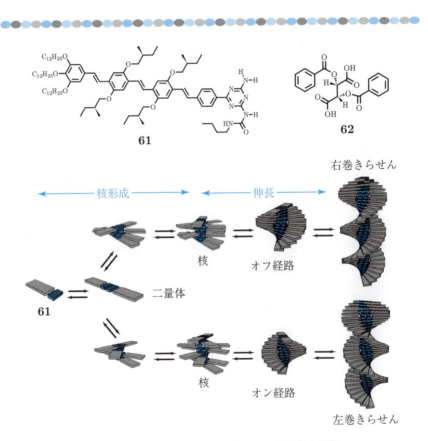

図 5.16　線維状の自己集合性高分子の自己集合過程．

5.4.4 自己集合性錯体の形成機構

5.3.3項で配位結合を利用した自己集合を紹介したが，これらの自己集合体の形成機構に関する知見も得られつつある．タンパク質の折りたたみや，ウイルスのカプシドの形成で見たように，自己集合は複数の経路を経て構造体へ収束するため，その機構解明が困難である．また，自己集合では，おびただしい数の中間体が存在するため，これら全てを調べ，時間変化を追跡することは不可能に近い．したがって，現実的には，ある特殊な中間体に注目し，その時間変化を追うことが多い．ここで注意すべきことは，このように観測にかかる特別な中間種の多くはタンパク質の折りたたみで見た速度論的にトラップされたものであることが多い点である．また，自己集合がフォールディング漏斗のように起こっているとすると，速度論的なトラップを受けずに構造体を導く経路も存在すると考えられ，このような中間体が全体のどのくらい生成しているかという定量的な解釈が常に重要である．すなわち，唯一観測にかかった中間種から自己集合体が生成したとしても，その中間種の生成量が全体の一割だとすると，残りの九割は別の経路を経ており，主な経路が別に存在する．

自己集合過程の複雑さの問題に対して取り組むために，最近，自己集合過程で生成する全中間種の平均組成を実験的に調べ，その時間変化から自己集合の機構を調べる手法が提案されている．この手法では，中間種を直接観測せず，基質と生成物を定量し，その差から全中間種の平均組成を求めるため，観測できない中間種の情報も含まれている．ここで，配位数が2の金属イオンMX_2とL字型の二座配位子からM_4L_4型の四角形型構造への自己集合を考えよう（図 **5.17**(a)）．ここで，Xは基質の金属イオンに配位している単座配位子である．そのため，この自己集合における反応はXとLとの配位子交換である．自己集合過程で生成する中間体にはM, L, Xが含まれているため，一般式$M_aL_bX_c$ (a, b, cは正の整数）で表される．a, b, cから式(5.3),(5.4)で表される化学的に意味のある二つのパラメータ（n, k）に変換することで，さらに見通しが良くなる．

$$n = \frac{N_c \cdot a - c}{b} \tag{5.3}$$

$$k = \frac{a}{b} \tag{5.4}$$

5.4 自己集合体の形成機構

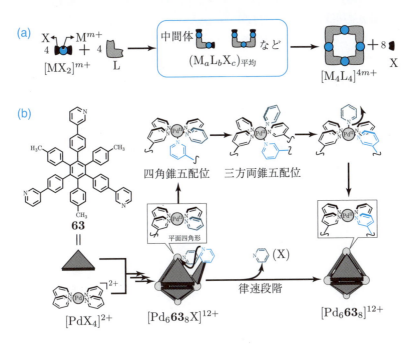

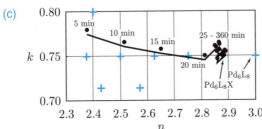

図 5.17 **(a)** 四角形自己集合性 M_4L_4 錯体の自己集合の模式図．**(b)** 配位子 **63** と Pd(II) イオンから形成される Pd_6L_8 カプセル錯体の自己集合の律速段階．**(c)** 自己集合における (n, k) 値の時間変化（*Chem. Sci.* **5**, 4167-4172（2014）より引用）．

ここで，N_c は金属イオン M の配位数で，図 5.17(a) の場合では $N_c = 2$ である．n は中間体の中にある一つの配位子（L）あたりいくつの金属イオンが結合しているかの平均数を表しており，n が大きい程中間体がより閉じた構造を形成している．一方，k は中間体の中の金属イオンと配位子（L）の比で，中間体への M や L の取り込みや放出がわかる．

図 5.17(a) の反応式の両辺の四成分を定量できれば，系中に存在する M, L, X の全量から四成分を差し引くことで，その時点における全中間体の平均組成 $M_{\langle a \rangle} L_{\langle b \rangle} X_{\langle c \rangle}$ がわかり，その時間変化から形成機構に関する知見が得られる．

Pd(II) イオンと三座配位子（**63**）からカプセル構造（$Pd_6 \mathbf{63}_8$）への自己集合についてこの手法を用いて調べると，時間とともに $\langle n \rangle$, $\langle k \rangle$ が増加し，その後 $\langle k \rangle$ に大きな変化が見られず $\langle n \rangle$ が増加する様子が観測され，その後 $(\langle n \rangle, \langle k \rangle)$ が一定の状態で，カプセル錯体が形成することがわかった（図 5.17(b)）．一定値になった $(\langle n \rangle, \langle k \rangle)$ は $Pd_6 \mathbf{63}_8 X$ の (n, k) に近く，この種が溜まって生成し，これがカプセル（$Pd_6 \mathbf{63}_8$）へ変換する段階，すなわち，最終段階の分子内の配位子交換が自己集合の律速段階であることがわかった．一般的に，分子内反応は分子間反応よりも速いが，このカプセルでは各配位子が近接して位置しており，最終段階になると配位子交換を行う際に必要な五配位構造への変換が難しくなり，速度が低下すると考えられる．

このように中間種を直接観測することが難しい自己集合においても，形成機構に関する知見を得ることができる．自己集合体の形成機構もフォールディング漏斗のように複数の経路が関与していることを踏まえると，自己集合過程の理解は，明瞭な一通りの経路を明らかにすると言うより，初期段階から最終段階までのそれぞれの段階でどのようなことが起こり，それぞれの段階でどのような生成物が主に生成し，それらがどのように次の中間体や生成物へ至るかをある程度定量的に知ることだろう．

演習問題

5.1 図 5.11(b) で見た擬ロタキサンは酸塩基を利用することで可逆である．下図の擬ロタキサンについてアンモニウムに対する脱プロトン化がどのように進行するか説明せよ．

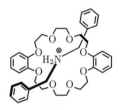

5.2 5.3.3(2) 項で見たアザコープ転位は [3.3] シグマトロピー転位の一つで，反応には二つの C=C 結合の π 電子と一つの C–C 結合の σ 電子が関与する．[3.3] シグマトロピー転位は環状の遷移状態を経て反応が進行するが，それはなぜか．

5.3 平面四角形型の錯体（ML_4）の分子軌道を M と四角形型 H_4 グループ軌道の相互作用により求め，5.3.3(1) 項で求めた結果と比較せよ．

演習問題の略解

第1章

1.1 σ結合．σ結合の方が炭素のp軌道間の重なり積分が大きいため．

1.2 d_{z^2}軌道の節面は $z^2 = \frac{x^2+y^2}{2}$ で表され，円錐のような形をしており，nodal cone と呼ばれる．

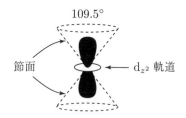

1.3 NaとClの原子軌道のエネルギーが離れているため，分子軌道を形成しても，それぞれの原子軌道とほとんど変わらない（図1.7(b)）．

1.4 一般的にC–C結合は強固だが，官能基や条件によっては可逆に結合–開裂を行うことができる．例えば，エステル結合やアセタール，イミンは酸性条件下で平衡にある．また，オレフィンメタセシスという反応はカルベン錯体（M=CH$_2$（Mは遷移金属）という部分構造をもつ）を触媒として利用することで，C=C結合を可逆に開裂することができ，熱力学支配下で物質を合成する方法として，超分子化学で利用されている．

第2章

2.1 一つはA·A間の相互作用がA·S間の相互作用より強い場合で，もう一つはA·S間の相互作用よりS·S間の相互作用が強い場合である．後者は疎水効果に見られる状況である．

第3章

3.1 固体中で各分子の配向はばらばらである．外部磁場と分子（原子）との相互作用は配向に依存するため，配向の異なる分子それぞれの情報が別々に観測され，複雑なスペクトルが得られる．一方，式(3.13)からサンプルを磁場方向に対して54.7°（マジック角）傾けて回転しながら測定すると，配向の寄与を取り除くことができる．

3.2 重い水素が付くほど，振動のゼロ点エネルギーが下がるため．

3.3 オルト位やパラ位で反応すると，以下に示す共鳴構造の寄与があるため．

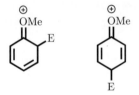

3.4 以下に示す共鳴構造の寄与があるため．

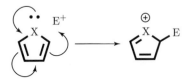

3.5 カチオン–π 相互作用では芳香環の静電ポテンシャルが重要で図 3.21(b) に示すようにベンゼン，フラン，チオフェンの静電ポテンシャルは同じくらいであるため分子認識に及ぼす効果は同程度である．

3.6 二次の水素結合の寄与を考慮すると，片側の分子（A もしくは B）にドナーだけを導入し，もう一方の分子にアクセプターだけを配置したとき，二次の水素結合は最大になる．

3.7 以下のような可能性が考えられている．

共有結合の形成の寄与：遷移状態では，基質と酵素の間で部分的に共有結合が形成され，これによりエンタルピー的に遷移状態が安定化されている．

電荷分離の寄与：遷移状態では，基質，酵素ともに部分的に分極が起こり，両者の間の静電的な相互作用や双極子間の相互作用が強くなる．基質と酵素の結合部位は脱水和されており，水の影響が少ないため，静電相互作用が有効に働く．

ループ構造の変化：酵素にはヘリックスやシート構造などの二次構造はループと呼ばれる揺らぎの大きい部分で連結されている．このループ構造の動きにより遷移状態における基質と酵素間の接触をさらに高め遷移状態を安定化する可能性がある．

動的カップリングの効果：タンパク質の揺らぎと遷移状態における原子の動きがカップリングすることで反応を加速するという考え方がある．とても興味深い現象であるが，まだその詳細は明らかにされていない．

水分子の放出の効果：基質–酵素複合体の形成段階で多くの水和水はバルクへ放出されているが，一部の水分子は酵素内に存在し構造化している．これらの水分子の一部が遷移状態の形成の際に放出されると，遷移状態がエントロピー的に安定化される．

3.8 (1) Se の電子配置は [Ar] $3d^{10}4s^24p^4$ で，価電子数は 6．Cl は [Ne] $2s^22p^5$ で価電子数は 7 だがうち一つの電子を結合に利用する．したがって，分子全体で考える

べき電子数は 14. Se–Cl 単結合を形成するので $\frac{14}{2} = 7$ つのドメインが Se 周りに作られる．このため，Se 周りの構造は五方両錐で，七つのサイトに六つの塩素と一つの非共有電子対を配置する．非共有電子対の電子反発を抑えるために，非共有電子対を z 軸上に配置した構造が安定であると推測される．

(2) Se などの重原子では価電子のうちの ns 軌道の電子（Se の場合は 4s）は非結合性になる傾向があり，これを**不活性電子対効果**と呼ぶ．そのため，Se の価電子のうち 4p 軌道の 4 電子のみが結合に関わるとして VSEPR 則を使うと $[SeCl_6]^{2-}$ が正八面体型構造であると推測できる．このように重い元素では ns 軌道の寄与が小さくなり VSEPR 則を適用できなくなる．

3.9　疎水効果，vdW 力，カチオン–π 相互作用

第 4 章

4.1　式 (4.63) を使ってプロットし，傾きから $n = 2.4$ と求まる．

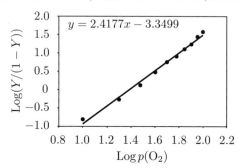

第 5 章

5.1　脱プロトン化は環状分子がアンモニウムと相互作用している擬ロタキサンの状態から起こるわけではなく，存在量はとても少ないが，解離して生成するアンモニウムが脱プロトン化され，それにより平衡が偏ることで遊離したアンモニムがさらに脱プロトン化を受ける．

5.2 [3.3] シグマトロピー転位の環状の遷移状態はベンゼンとの類似性がある．ベンゼンに代表される芳香族は p 軌道が環状に並んだ構造で $4n+2$ 個の p 電子があるときに安定である．同様の安定化を遷移状態における安定化に発展させることができ，6 電子が関与する [3.3] シグマトロピー転位の環状遷移状態はベンゼンと同様に非環状の状態に比べ安定化される．

5.3 正方形 H_4 グループの軌道は 4.2.2(1) 項（図 4.5）を参照．これらのグループ軌道が M の s, p, d 軌道のどれと相互作用するかは，点群 D_{4h} の指標表を使っても良い．d_{z^2} 軌道と相互作用するグループ軌道は s 軌道とも相互作用するので，三つの軌道の相互作用を考える必要があることに注意する．得られる結果は 5.3.3(1) 項の手続きで求めた結果と同じである．

参考書・参考文献

[1] 「アトキンス　物理化学（下）第 8 版」，P. W. Atkins, J. de Paula 著，千原秀昭，中村亘男訳，東京化学同人．
[2] 「シュライバー・アトキンス無機化学（上）第 4 版」，P. W. Atkins, J. Rourke, M. Weller, F. Armstrong, T. Overton 著，田中勝久，平尾一之，北川　進訳，東京化学同人．
[3] 「分子認識化学—超分子へのアプローチ—」，筑部　浩著，三共出版．
[4] 「超分子の化学」，菅原　正，村田　滋，堀　顕子著，裳華房．
[5] 「新版　有機化学のための分子間力入門」，西尾元宏著，講談社．
[6] "Supramolecular Chemistry, 2nd Edition", J. W. Steed, J. L. Atwood 著，Wiley (2009).
[7] "Modern Physical Organic Chemistry", E. V. Anslyn, D. A. Dougherty 著，University Science Book (2004).
[8] "Molecular Driving Forces: Statistical Thermodynamics in Biology, Chemistry, Physics, and Nanoscience, 2nd edition", K. A. Dill, S. Bromberg 著，Garland Science (2011)
[9] "An Introduction to Molecular Orbitals", Y. Jean, F. Volatron 著，Oxford University Press (1993)
[10] "Molcular Orbitals of Transition Metal Complexes", Y. Jean 著，Oxford University Press (2005)
[11] "Orbital Interaction in Chemistry, 2nd edition", T A. Albright, J. K. Burdett M-H Whangbo 著，Willy (2013).
[12] "Quantifying Intermolecular Interactions: Guidelines for the Molecular Recognition Toolbox", C. A. Hunter, *Angew. Chem. Int. Ed.*, **43**, 5310 – 5324 (2004). DOI: 10.1002/anie.200301739.
[13] "Binding Mechanisms in Supramolecular Complexes" H.-J. Schneider, *Angew. Chem. Int. Ed.*, **48**, 3924 – 3977 (2009). DOI: 10.1002/anie.200802947.
[14] "Pathway Complexity in Supramolecular Polymerization" P. A. Korevaar et al. *Nature*, **481** 492 – 496 (2012).

索　引

あ 行

アイスバーグモデル　110
アクセプター　62
アデニン　176
アニオン–π 相互作用　59
アビジン–ビオチン　172
アミロイド線維　206
アロステリック協同性　131, 135
アンチ型　108
安定曲線　118

イオン–永久双極子相互作用　30
イオン–誘起双極子相互作用　34
位相　6
移動自由エネルギー　22
インスリン　179

ウォルシュの相関図　90

永久双極子　18
塩橋　166
エンタルピー　16
エンタルピー–エントロピーの補償　110
エンタルピー変化　129
エントロピー　16

オフ経路　206
オン経路　206

か 行

解離定数　126, 127
化学シフト　160
化学シフト値　160
化学ポテンシャル　24
化学ポテンシャル変化　104
核形成　206
拡散速度定数　154

核磁気共鳴分光　156, 159
重なり積分　6
カチオン–π 相互作用　52
活性化エネルギー　4
活量　24, 126
活量係数　24
カテナン　194
カテコラート　190
価電子　85
荷電子　10
カプシド　181, 204
カリックスアレーン　183
カルセランド　166

基底状態　20
ギブズエネルギー　16
ギブズエネルギー変化　126
逆電子供与　150
吸光度　157, 158
協同性　70, 131
共鳴構造　68
共鳴積分　6
極性溶媒　18
キレート協同性　131, 132
擬ロタキサン　194

グアニン　176
空隙　22
ククルビツリル　172
クラウンエーテル　163, 166
グリコウリル　172
グリコルリル　182
クリプタンド　166
グループ軌道　140

蛍光　158
ゲスト分子　2
結合性軌道　5, 88

結合性相互作用　6
結合定数　112, 126, 154
結合等温線　152
原子価殻電子対反発則　86
厳密な自己集合　176

コアレッセンス　156
交換斥力　40
高スピン錯体　142
ゴーシュ型　108
コーン型　108
互変異性　68
混成軌道　85, 87

さ 行

サイボタクティック領域　23
三中心水素結合　64

シアヌル酸　182
四極子　41
シクロデキストリン　170
シクロファン　170
指向された自己集合　180
自己集合　2
事後修飾を伴う自己集合　178
自己組織化　2
脂質二重膜　108
ジスタマイシン A　168
事前組織化　75, 164
シトシン　176
指標　141
指標表　141
遮蔽　18
準安定状態　206
ジョブプロット　151
伸長　206

水素結合　62
水素結合の二次的相互作用　74
水和　30
ストッダート　196
スピン対形成エネルギー　142
スフェランド　166

静電相互作用　30
正の協同性　134
ゼーマン効果　159
斥力　40
節面　6
遷移　50
遷移状態　4
前駆体の修飾により引き起こされる自己集合　178
双極子　18
双極子−双極子相互作用　34
双極子−誘起双極子相互作用　36
双極子モーメント　18
速度論支配　4
速度論的トラップ　203
疎水効果　15, 52, 102
疎水性定数　103
ソバージュ　196
疎溶媒効果　82
疎溶媒領域　82
ソルバトクロミズム　20
ソロモンの結び目　200

た 行

ダーバン　168
脱溶媒和エネルギー　14
タバコモザイクウイルス　176, 204
短距離の強い水素結合　76
淡色効果　72
断続的な加工を伴う自己集合　180

チミン　176
超好熱菌　117

定圧熱容量　129
定圧熱容量変化　28
低障壁水素結合　76
低スピン錯体　142
デオキシリボ核酸　176
電荷移動吸収帯　51
電気歪　23
電子求引性基　42
電子供与性基　42

索　引

テンプレート効果　165

等温圧縮率　102
等温滴定カロリメトリー　28, 161
等吸収点　98
動径分布関数　17
ドーミング　140
ドナー　62
ドナー・アクセプター相互作用　50
トレーガー塩基　48

な 行

二次的水素結合　74
二状態モデル　96

熱分布　36
熱膨張率　101
熱力学支配　3
熱力学的安定性　3

は 行

配向エントロピー　202
配向力　34
八極子　41
発エルゴン反応　126
発光強度　158
ハモンドの仮説　43
バルク　16
ハロゲン結合　120
反結合性軌道　5, 88
反結合性相互作用　6

非可逆な自己集合　178
光化学過程　156
光物理過程　156
非共有電子対　6, 88
非極性溶媒　18
非結合性軌道　5
非古典的疎水効果　114, 172
非プロトン性溶媒　18
比誘電率　19
ヒル係数　137
ピロールイミダゾールポリアミド　168

ファン・デル・ワールス力　34
ファント・ホッフ解析　28
フォールディング　108, 202
フォールディング漏斗　202, 205
不活性電子対効果　214
負の協同性　134
プローブ球　112
プロトン性溶媒　18
分枝水素結合　64
分極　32
分極率　32
分散力　37
分子機械　196
分子軌道　88
分子シャペロン　180
分子認識　2

閉殻　85
平衡　68
平衡定数　27
ベールの法則　157
ベシクル　108
ペダーセン　163
ベネシ-ヒルデブランドプロット　159
ヘム　136
ヘムタンパク　136
ヘモグロビン　136
ヘリンボーン　49

放射失活　158
飽和　152
飽和度　137
補助により起こる自己集合　180
ホスト・ゲスト複合体　3
ホスト分子　2
ボルツマン分布　36
ボルンの式　31
ボロメアンリング　200

ま 行

マイゼンハイマー錯体　60
マイナーグルーブ　168

ミオグロビン　136

索　引

ミセル　108
三つ葉結び目　198

無障壁水素結合　76
無放射失活　158

メジャーグルーブ　168
メラミン　182

モル定圧熱容量　100
モル定圧熱容量変化　104, 111

や 行

融解温度　72, 118
誘起双極子　32
誘起双極子–誘起双極子相互作用　37
誘起力　36
有効核電荷　32
誘電率　18

溶媒露出表面積　112
溶媒和モルエンタルピー変化　104
溶媒和モルエントロピー変化　104

ら 行

両親媒性分子　108
臨界ミセル濃度　108
りん光　158
リン脂質　108

ルイス構造　86

励起状態　20
レゾルシナレン　182
レナード–ジョーンズポテンシャル　40
連続モデル　98

ロタキサン　194
ロンドン力　38

わ 行

ワイスモデル　146

英数字

B型肝炎ウイルス　204
δ 軌道　92
double-mutant cycle　45
edge-to-face 相互作用　42
HSAB 理論　33
molecular torsion balance　48
π 軌道　92
σ 軌道　92
σ ホール　84, 120
slip stack　42
T 字型　42
Z スケール　20
18 電子則　188

著者略歴

平岡　秀一
ひら　おか　しゅう　いち

1998年　東京工業大学大学院生命理工学研究科バイオテクノ
　　　　ロジー専攻博士課程修了（博士（工学））
現　在　東京大学大学院総合文化研究科広域科学専攻教授

ライブラリ　大学基礎化学＝C3

溶液における分子認識と自己集合の原理
——分子間相互作用——

2017年7月25日©　　　　　　　　初　版　発　行
2022年3月10日　　　　　　　　初版第2刷発行

著　者　平岡秀一　　　　発行者　森平敏孝
　　　　　　　　　　　　印刷者　篠倉奈緒美
　　　　　　　　　　　　製本者　小西恵介

発行所　株式会社　サイエンス社

〒151-0051　東京都渋谷区千駄ヶ谷1丁目3番25号
営業☎ (03) 5474-8500（代）　振替 00170-7-2387
編集☎ (03) 5474-8600（代）
FAX☎ (03) 5474-8900

印刷　（株）ディグ　　製本　（株）ブックアート

《検印省略》

本書の内容を無断で複写複製することは、著作者および
出版者の権利を侵害することがありますので、その場合
にはあらかじめ小社あて許諾をお求め下さい。

サイエンス社のホームページのご案内
https://www.saiensu.co.jp
ご意見・ご要望は
rikei@saiensu.co.jp　まで．

ISBN978-4-7819-1403-9

PRINTED IN JAPAN

━━━━ ライブラリ大学基礎化学 ━━━━

化学と地球と現代社会
　　―教養としての現代化学―
　　　　小島憲道著　2色刷・A5・本体1900円

物質の熱力学的ふるまいと
その原理
　　　―化学熱力学―
　　　　岡崎　進著　2色刷・A5・本体1900円

溶液における
分子認識と自己集合の原理
　　―分子間相互作用―
　　　　平岡秀一著　2色刷・A5・本体2150円

金属クラスターの化学
　　―新しい機能単位としての基礎と応用―
　　　　佃　達哉著　2色刷・A5・本体1800円

　　＊表示価格は全て税抜きです．
━━━━━━━ サイエンス社 ━━━━━━━